国家出版基金项目
NATIONAL PUBLICATION FOUNDATION

"十三五"
国家重点出版物出版规划项目

国之重器出版工程
网络强国建设

5G丛书

5G 移动性管理技术

Mobility Management Technology for 5G

陈山枝 王胡成 时岩 著

人民邮电出版社
北京

图书在版编目（ＣＩＰ）数据

5G移动性管理技术 / 陈山枝，王胡成，时岩著. --
北京 ： 人民邮电出版社，2019.12
（5G丛书）
国之重器出版工程
ISBN 978-7-115-52040-1

Ⅰ. ①5… Ⅱ. ①陈… ②王… ③时… Ⅲ. ①无线电
通信－移动通信－通信技术 Ⅳ. ①TN929.5

中国版本图书馆CIP数据核字(2019)第197209号

内 容 提 要

本书是作者及所在的研究团队长期从事移动性管理理论与技术研究的经验总结。全书紧扣5G
网络中超密集组网、海量物联网终端、D2D 异构接入与多连接等场景的需求与挑战，结合
SDN/NFV 分布式等技术思想演进，介绍了 5G 网络中的新型移动性管理、会话管理、异构网络的
移动性管理和移动边缘计算中的移动性管理。

本书的目标读者为信息科学领域尤其是通信与信息领域的科研人员、工程技术人员，本书也
可作为高等院校通信专业和计算机专业师生的参考书。

◆ 著　　　　　陈山枝　王胡成　时 岩
　　责任编辑　李 强
　　责任印制　杨林杰

◆ 人民邮电出版社出版发行　　北京市丰台区成寿寺路 11 号
　　邮编　100164　电子邮件　315@ptpress.com.cn
　　网址　http://www.ptpress.com.cn
　　固安县铭成印刷有限公司印刷

◆ 开本：720×1000　1/16
　　印张：13.5　　　　　　　　2019 年 12 月第 1 版
　　字数：198 千字　　　　　　2019 年 12 月河北第 1 次印刷

定价：88.00 元

读者服务热线：(010)81055493　印装质量热线：(010)81055316
反盗版热线：(010)81055315

专家委员会委员（按姓氏笔画排列）：

于　全　中国工程院院士

王少萍　"长江学者奖励计划"特聘教授

王建民　清华大学软件学院院长

王哲荣　中国工程院院士

王　越　中国科学院院士、中国工程院院士

尤肖虎　"长江学者奖励计划"特聘教授

邓宗全　中国工程院院士

甘晓华　中国工程院院士

叶培建　中国科学院院士

朱英富　中国工程院院士

朵英贤　中国工程院院士

邬贺铨　中国工程院院士

刘大响　中国工程院院士

刘怡昕　中国工程院院士

刘韵洁　中国工程院院士

孙逢春　中国工程院院士

苏彦庆　"长江学者奖励计划"特聘教授

苏哲子　中国工程院院士

李伯虎　中国工程院院士

李应红　中国科学院院士

李新亚　国家制造强国建设战略咨询委员会委员、
　　　　中国机械工业联合会副会长

杨德森　中国工程院院士

张宏科　北京交通大学下一代互联网互联设备国家
　　　　工程实验室主任

陆建勋　中国工程院院士

陆燕荪　国家制造强国建设战略咨询委员会委员、原
　　　　机械工业部副部长

陈一坚　中国工程院院士

陈懋章　中国工程院院士

金东寒　中国工程院院士

周立伟　中国工程院院士

郑纬民　中国计算机学会原理事长

郑建华　中国科学院院士

屈贤明　　国家制造强国建设战略咨询委员会委员、工业和信息化部智能制造专家咨询委员会副主任

项昌乐　　"长江学者奖励计划"特聘教授，中国科协书记处书记，北京理工大学党委副书记、副校长

柳百成　　中国工程院院士

闻雪友　　中国工程院院士

徐德民　　中国工程院院士

唐长红　　中国工程院院士

黄卫东　　"长江学者奖励计划"特聘教授

黄先祥　　中国工程院院士

黄　维　　中国科学院院士、西北工业大学常务副校长

董景辰　　工业和信息化部智能制造专家咨询委员会委员

焦宗夏　　"长江学者奖励计划"特聘教授

序

　　移动性管理技术是移动通信系统的重要组成部分，为用户提供通信与业务的连续性保证。随着移动通信技术的代际演进，在 5G 网络中，移动性管理面临着新需求和新挑战。传统以人为中心的通信向人—物—服务的多元移动演进，从面向个人用户向面向产业应用拓展，高可靠、低时延、高带宽和大连接需要有先进的移动性管理技术来保证。5G 网络架构引入了软件定义网络（SDN）、网络功能虚拟化（NFV）、网络切片和移动边缘计算等功能，与物联网和垂直行业应用的深度融合，与云计算和人工智能技术的结合，要求 5G 网络的移动性管理技术能够以按需、智能、可定制的方式满足多样化、差异化的移动性需求。

　　该书融入了作者及其团队成员长期从事移动性管理理论与技术研究的经验，是近年来承担国家自然科学基金、"新一代宽带无线移动通信网"重大专项等移动性管理相关项目及参与 3GPP 国际标准化研究成果的总结。

　　该书以 5G 网络新架构、新场景、新需求为出发点，在分析相关需求与技术挑战的基础上，分别介绍了按需移动性管理、异构网络的移动性管理、移动边缘计算中的移动性管理等。全书紧扣 5G 网络移动性管理的新需求，专题论述移动性管理新技术，结构严谨，内容新颖，深入浅出。

前　言

　　随着信息社会的发展，移动通信不仅要满足人类的通信需求，还要支持人与物、物与物之间的通信，为人类构建全方位的信息通信生态系统，这样才能促进传统产业升级和催生新兴产业，带来生产力的发展和社会文明的进步。因此，新一代移动通信系统 5G 除了服务于各种新型的移动互联网应用，还需要向物联网领域渗透，与工业控制、远程医疗、智能交通等垂直行业深度融合，支撑智慧城市、车联网、无人机网络等多种新兴信息产业的发展。

　　移动性管理是移动通信系统中最具代表性的关键技术之一，能够保证移动用户在跨基站、跨网络、跨运营商乃至跨终端、跨应用平台移动时的通信连续性和一致性业务体验。传统移动通信网络中主要支持以人为中心的通信，因此其移动性管理机制相对简单，即采用集中式的切换控制和位置管理。在 5G 网络中，以人为中心的通信与机器类通信共存，移动性场景也更加丰富多样，既存在普通用户的移动场景，还需支持不同运动速度的移动性、游牧接入、群组移动性以及海量物联网设备的多样化移动性，将是人—物—服务的多元移动、通信—计算—存储资源的多维迁移。因此，5G 系统需要设计新的移动性管理技术，能够应对多样化、差异化的移动性管理的需求和挑战。

　　本书以 5G 面临的新场景和新需求为导引，首先，系统介绍 5G 的研究和标准

化概况，以及 5G 网络的整体架构和关键技术。接着，总结了在新场景、新需求下，5G 移动性管理技术所面临的问题和挑战，并给出这些问题和挑战的应对方法，即按需移动性管理技术。通过阐述 5G 按需移动性管理技术的概念、基本特征和工作流程，让读者了解 5G 移动性管理技术的工作原理和区别性特征。此外，还介绍了标准化组织的研究内容，从产业视角说明 5G 新型移动性管理技术的设计初衷和考虑，如移动边缘计算中的移动性管理技术。最后，展望了移动性管理技术的发展，列举了若干研究方向。

本书融入作者多年来从事移动性管理相关研究和标准化工作的成果，同时也得到了北京邮电大学杨谈、胡博等多位研究工作者的帮助，其中，杨谈老师重点参加了移动边缘计算中的移动性管理技术的编写工作，我们在此深表感谢。

本书的撰写得到了中国信息通信科技集团大唐移动通信设备有限公司相关专家的关心和帮助，在此深表谢意。

本书的部分成果得到了国家自然科学基金杰出青年基金项目"移动性管理理论、方法和关键技术研究（课题编号 61425012）"、"新一代宽带无线移动通信网"国家科技重大专项课题、"5G 超密集组网技术与试验系统研发（课题编号 2016ZX03001017）"和"5G 新型移动性管理技术研发、标准化和验证（课题编号 2017ZX03001014）"的资助，特此感谢！

希望本书能够对移动通信领域的研究人员和开发人员起到积极的参考和借鉴作用。由于作者的时间和水平有限，书中难免有偏颇和不当之处，敬请读者批评指正。

作者

2019 年 8 月于北京

目 录

第 1 章

5G 概述

与传统移动通信系统相比，5G 具有更广泛的应用场景，涵盖移动互联网和物联网的各个领域，不仅用于提供传统的通信服务，更将渗透工业控制、智能交通、远程医疗等垂直行业，构建新的信息产业经济生态。可以说，5G 对社会经济的发展和人类文明的进步具有重要的推动作用，因此多个国家也将 5G 的发展提高到国家战略的高度。

5G 技术研究和标准制定由全球合作完成，最终的技术标准在国际标准化组织 3GPP 落地。第一个版本（Rel 15）的 5G 技术标准在 2018 年 6 月发布，其中不仅支持了许多新的无线接入技术，还采用新的 IT 理念重新设计了整个网络架构。5G 系统支持的新型无线接入技术主要包括无线接入侧的大规模多天线技术、超密集组网技术、非正交多址技术、高频通信技术、车联网直通技术等。5G 网络架构以 SDN/NFV 技术为基础，支持网络的软件化和网络功能的模块化，实现利用网络切片来服务垂直行业的差异化需求。本章首先介绍 5G 研究与标准化的概况，然后简要介绍 5G 网络架构和关键技术。

| 1.1 5G 新需求 |

从 1979 年美国芝加哥第一台模拟蜂窝移动电话系统的试验成功至今，每一代移动通信系统都是在其标志性技术的基础上，因业务 / 用户的特定需求而诞生的。第一代移动通信系统（1G，1st Generation Mobile Communication System）出现在蜂窝系统理论提出之后 [1]，采用模拟技术，主要满足人们无线移动通信的需求。随着数字技术的发展与成熟，为了提高移动通话的质量，出现了支持数字化语音业务的第二代移动通信系统（2G，2nd Generation Mobile Communication System）[2]。20 世纪末，IP（Internet Protocol）和互联网技术的快速发展改变了人们的通信方式，在传统的语音通信的基础上，人们还期望移动通信网络能够提供数据业务，于是出现了支持数据业务的第三代移动通信系统（3G，3rd Generation Mobile Communication System）。21 世纪飞速发展的信息技术带来了更高速率的互联网业务，这对 3G 系统的数据服务能力提出挑战，因此为实现移动网络宽带化的第四代移动通信系统（4G，4th Generation Mobile Communication System）应运而生。4G 网络是全 IP 化网络，主要提供数据业务，其数据传输的上行速率可达 50 Mbit/s，下行速率可达 100 Mbit/s[3]，基本能够满足传统移动宽带业务的需求。然而移动互联网和物联网的快速发展几乎颠覆了传统的移动通信模式，促使产业界和学术界开始了对未来移动通信网络的探索和研究。而作为下一代移动通信网络的第五代移动通信系统（5G，5th Generation Mobile Communication System）则成为国内外信息技术领域的研究热点。

同前四代移动通信相比，5G 除了服务于传统的语音和数据业务，还将服务于各种新型的移动互联网应用，并进一步向物联网领域渗透，与工业控制、远程医疗、智能交通等垂直行业深度融合。目前，针对未来 5G 典型的移动通信场景的研究显示，未来 5G 网络将服务于人们居住、工作、休闲和交通等各种场所，涵盖了住宅区、办公室、体育场、露天集会、高铁等多种场景 [4]。ITU-R（International Telecommunications Union-Radio Communications Sector）[5] 提出将未来 5G 的移动通信场景分为三类：增强的移动宽带（eMBB，Enhanced Mobile Broadband）、大规模机器类通信（mMTC，Massive Machine Type Communications）和高可靠低时延通信（URLLC，Ultra-Reliable and Low Latency Communications），如图 1-1[5] 所示。5G 技术的国际标准化组织 3GPP（3rd Generation Partnership Project）下的需求研究组——SA1 工作组根据 5G 业务需求，将 5G 应用场景根据性能要求总结为 4 类[6]：增强的移动宽带（eMBB）、关键通信（CriC，Critical Communication）、大规模物联网（mIoT，Massive Internet of Things）和车联网通信（eV2X，Enhanced Vehicle to Vehicle or Infrastructure）。我国 IMT-2020（5G）推进组也在其发布的《5G 概念白皮书》[7]中，将 5G 场景分为广域连续覆盖、热点高容量、低功耗大连接、低时延高可靠共 4 个场景。这些新型移动通信业务不仅对未来 5G 网络的传输速率、流量、频谱、能耗等方面提出了新的需求和挑战 [8]，也对 5G 网络架构和网络管理方面提出了新的需求和挑战，例如，多样化的移动性支持需求及其对现有移动性管理的挑战，具体可包括高速移动性支持、游牧接入支持、群组移动性支持，以及对海量物联网设备接入的支持等。

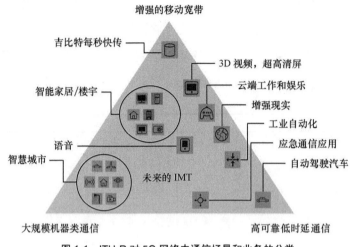

图 1-1　ITU-R 对 5G 网络中通信场景和业务的分类

面向 2020 年及未来，不同业务场景对 5G 系统提出了不同的需求，不同需求也决定了不同的网络性能指标。

超高清、3D 和沉浸式视频的流行将会驱动数据速率大幅提升，如 8K（3D）视频经过百倍压缩之后传输速率大约仍需要 1 Gbit/s[9]。增强现实（AR，Augmented Reality）、虚拟现实（VR，Virtual Reality）、云桌面、在线游戏等业务，不仅对上下行数据传输速率提出挑战，同时也对时延提出了"无感知"的苛刻要求。未来大量的个人和办公数据将会存储在云端，海量实时的数据交互需要可媲美光纤的传输速率，并且会在热点区域对移动通信网络造成流量压力。社交网络等 OTT（Over-The-Top）业务将会成为未来的主导应用之一，小数据包频发将造成信令资源的大量消耗。未来人们对各种应用场景下的通信体验要求越来越高，用户希望能在各种环境下都能获得一致的业务体验。针对这些场景下不同的移动通信需求，5G 移动通信系统需要满足更高的性能指标，如超高的流量密度、超高的连接数密度、超低时延、超高移动性的支持等，以支持更加丰富的业务应用和提供更好的用户体验。

另一方面，物联网业务类型将逐渐丰富，如智能家居、智能电网、环境监测、智能农业和智能抄表等业务，需要网络支持海量设备连接和大量频发小数据包的传输；视频监控和移动医疗等业务对传输速率提出了很高的要求；车联网和工业控制等业务则要求毫秒级的时延和接近 100% 的可靠性。物联网引入的通信场景更加复杂，大量物联网设备会部署在山区、森林、水域等偏远地区以及室内角落、地下室、隧道等信号难以到达的区域，对移动通信网络的覆盖能力提出了新的要求。物联网和工业互联网为移动通信网络渗透到更多的垂直行业提供了契机，然而为了满足差异化物联网和工业互联网通信的需求，5G 网络应具备更强的灵活性和可扩展性，提供基于需求的网络适变能力。图 1-2 总结了 5G 时代物联网业务类型及各类业务对 5G 网络的挑战 [4]。

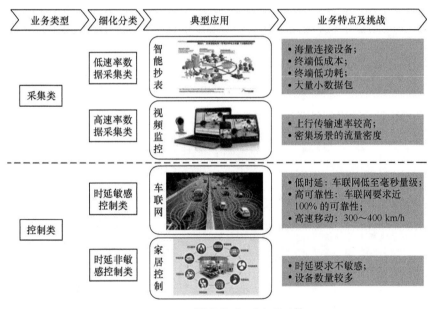

图 1-2 5G 时代的物联网业务类型 [4]

针对 5G 网络中的新型通信场景，3GPP 需求工作组 SA1 分别定义了具体的业务需求和网络性能指标。3GPP SA1 工作组总结了 5G 应用场景并详细给出了各类应用场景对数据传输速率、时延、可靠性等关键性能指标的需求，如表 1-1

所示。其中，用户体验速率（bit/s）是指真实网络环境下用户可获得的最低传输速率；连接数密度（/km²）是指单位面积上支持的在线连接设备总和；端到端时延（ms）是指数据包从源节点开始传输到目的节点正确接收的时间；移动性（km/h）是指满足一定性能要求时，收发双方间的最大相对移动速度；流量密度 [bit/(s·km²)] 是指单位面积区域内的总流量；用户峰值速率（bit/s）是指单用户可获得的最高传输速率。

表 1-1　3GPP 5G 业务性能需求指标

业务类别	数据速率	时延	可靠性	流量密度	连接密度	移动性	位置精度	附注
eMBB	超高速率（1～10 Gbit/s）	低时延和高速低时延		高业务密度（Tbit/(s·km²)）	高终端密度（200～2500 /km²）	0～500 km/h		高数据量和高比特速率业务
CriC		实时低时延（终端到边缘应用的端到端时延1 ms）	超高可靠性和高可用性（丢包率低于1×10⁻⁴）	高密度分布			精确到（10 cm）以内	低时延超高可靠性业务
mIOT					高密度大规模连接（每平方千米支持100万连接）	低移动性	高位置精度（0.5 m）	与 CriC 业务相比没有低时延的要求
eV2X	中等速率（10 Mbit/s）	低时延（车车通信的端到端时延1 ms）	高可靠性（接近100%）	中等业务密度	中等连接密度	高移动性（最高500 km/h）	高位置精度（0.1 m）	高可靠性、低时延、高速以及高位置精度要求

下一代移动网络（NGMN，Next Generation Mobile Network）组织同样调研了 5G 业务场景，并从运营商的角度定义了 5G 业务场景的需求指标[9]，其发布的《5G 白皮书》从用户体验数据传输速率、端到端时延及其移动性支持等方面量化描述了不同场景下的业务需求，如表 1-2 所示。

表 1-2　NGMN 用户业务需求指标

场景类别	用户体验速率	端到端时延	移动性
密集区域的宽带接入	DL：300 Mbit/s UL：50 Mbit/s	10 ms	按需移动：0 ～ 100 km/h
室内超高宽带接入	DL：1 Gbit/s UL：500 Mbit/s	10 ms	步行
人口聚集区的宽带接入	DL：25 Mbit/s UL：50 Mbit/s	10 ms	步行
任何地方都可以实现 50 Mbit/s 以上	DL：50 Mbit/s UL：25 Mbit/s	10 ms	0 ～ 120 km/h
低 ARPU 区域超低成本的宽带接入	DL：10 Mbit/s UL：10 Mbit/s	50 ms	按需移动：0 ～ 50 km/h
车辆（汽车、火车）中的移动宽带	DL：50 Mbit/s UL：25 Mbit/s	10 ms	按需移动：最高 500 km/h
飞机连接	DL：15 Mbit/s 每用户 UL：7.5 Mbit/s 每用户	10 ms	最高 1000 km/h
大量低成本 / 长距离 / 低功耗 MTC	低（通常 1 ～ 100 kbit/s）	几秒到几小时	按需移动：0 ～ 500 km/h
宽带 MTC	参见密集区域和任何地方都可以实现 50+Mbit/s 场景下宽带接入的需求参数		
超低时延	DL：50 Mbit/s UL：25 Mbit/s	<1 ms	步行
突发流量	DL：0.1 ～ 1 Mbit/s UL：0.1 ～ 1 Mbit/s	常规通信：不紧急	0 ～ 120 km/h
超高可靠性和超低时延	DL：从 50 kbit/s 到 10 Mbit/s UL：从每秒几比特到 10 Mbit/s	1 ms	按需移动：0 ～ 500 km/h
超高可用性和可靠性	DL：10 Mbit/s UL：10 Mbit/s	10 ms	按需移动：0 ～ 500 km/h
广播类业务	DL：最高 200 Mbit/s UL：适中（如 500 kbit/s）	小于 100 ms	按需移动：0 ～ 500 km/h

　　5G 网络发展的驱动力不仅来自于用户与业务的需求，还来自于 5G 网络自

身的自动化运维管理的需求，主要表现在：现有多制式共存造成的烟囱式网络使得运维管理复杂度增长，并使得用户体验下降 [10]；现有移动通信网络的网络能效、比特运维成本、网络部署复杂度等难以高效应对未来业务流量和数据连接的爆炸式增长 [4]；现有网络部署的长周期特性阻碍了网络创新 [11]；现有移动通信网络资源的监控、管理和调度能力不足，难以实现精细化的网络功能部署和资源弹性伸缩 [12]；现有移动通信网络能力开放不足，难以有效感知终端和业务的特征，无法智能高效地满足未来用户和业务的差异化需求 [4]。

综上所述，未来多样化通信场景下的业务需求和移动通信网络自身运维需求驱动了移动通信网络的发展，只有准确把握 5G 时代下的通信需求，真正抓住移动网络运营的痛点，才能研发出具有广阔应用前景的 5G 系统。

|1.2　5G 研究和标准化|

受到需求扩张和技术进步的驱动，全球早已掀起了对未来移动通信系统的研究热潮，各科研组织、产业联盟或实力厂商纷纷发布了相关研究进展。相关5G 研究的技术成果最终在 3GPP 组织完成标准化。

1.2.1　5G 研究概况

2014 年 12 月，下一代移动网络（NGMN）组织发布了《5G 白皮书》[9]。《5G 白皮书》中指出：5G 系统将是一个端到端的生态系统，能够实现网络高度融合，是多种接入技术、多层网络、多种设备和多种用户类型交互的异构网络环境，能够提供跨越时间和空间的、无缝的、连续的用户体验。NGMN 从 6 个方面分析了 5G 需求，包括用户体验、设备、商业模式、管理和运营、增强服务和系统性能，指出 5G 系统将实现一个完全移动的、万物互联的信息社会，能够针对客户和参与者创造价值，传递连续体验和实现持续商业模式。NGMN 给出了 5G 网络的设计原则，具体可归结为以下几点：采用成本高效的密集布置；支持动态的无线拓扑；简化核心网；利用网络切片提高系统的柔性功能和能力；鼓励价值创造，降低新业务部署的复杂度；保护用户的隐私；简化运维和管理。基于这些设计原则，NGMN 提出了基于 SDN（Software Defined Networking）、NFV（Network Function Virtualization）和云计算等技术的 5G 网络架构蓝图，倡导以用户为中心的灵活、智能、高效和开放的 5G 新型网络。

同年，欧盟的 5G 基础设施公私合作（5G PPP，5G Infrastructure Public Private Partnership）组织正式启动针对下一代移动通信网络及其服务能力的研究，其报告 [13] 指出，5G 发展的驱动力在于：为用户提供新的服务能力，保证用户体验的连续性，促进新业务，如物联网的发展；资源整合的需求，将通信、计算和存储资源整合到可编排的、统一的基础设施中；用户和社会对可持续和可扩展的网络新技术的需求；对技术和商业创新的生态环境的需求。5G 中关键性能指标包括网络容量、低时延、高移动性、较准确的终端位置信息以及系统的可靠性和可用性。5G 的设计原则主要是确保灵活、快速地适应多样化的应用需求、数据传输时的安全性和隐私性，以及可编程方式支持新的商业模式。5G 的关键技术包括异构接入技术的融合、软件驱动网络（利用 SDN、NFV、移动边缘计算等技术提高系统可扩展性和敏捷性）以及网络管理最优化。

2014 年 10 月，4G Americas 颁布了 5G 需求和解决方案的建议书 [14]，阐述了什么是 5G 时代的关键应用，存在什么样的挑战和需求，什么是新的关键技术和方案。4G Americas 认为 5G 无线接入不仅与无线接口技术相关，还应该为人与设备提供无缝宽带接入的全面解决方案。因此，4G Americas 详细地调研分析了 5G 的市场驱动、应用情况、需求、规则和技术，指出了潜在的 5G 网络技术，具体包括无线接入技术（RAT，Radio Access Technology）协同和管理、终端直通、高效的小数据传输、无线回传 / 接入整合、灵活的网络、灵活的移动性支持、上下文感知、信息中心网络。

国际电信联盟（ITU）从 2012 年就开始研究 5G 愿景和技术趋势，以凝聚全球对 5G 的共识。ITU-R 已经对外发布了 IMT-2020 工作计划 [15]，计划于

2016 年年初启动 5G 技术性能需求和评估方法的研究，2017 年年底启动 5G 候选提案征集，2020 年年底完成标准制定。在 5G 时代，ITU 除了关注无线空口技术和无线接入网络的发展之外，还更多地关注了网络架构。为此，ITU-T 在下一代网络（NGN）研究组 SG13 下面新成立了焦点小组，专门研究 IMT-2020 网络架构所面临的问题、场景和需求，从而确定了 2020 年及之后的国际移动通信 5G 部署的网络标准化要求。由于 SDN 对网络技术的重大影响，SDN 技术与移动网络出现了融合的趋势，ITU-T 在 2012 年年中也开始了 SDN 与电信网络结合的标准研究，初步提出要在电信网络中引入 SDN 的网络架构。

3GPP 最早在 2014 年 11 月启动了 5G 研究，当时沃达丰公司在 3GPP SA1 需求工作组会议上提交了一份关于 5G 潜在研究项目的报告 [16]，其中指出了 5G 的 4 个方面驱动力：用户可感知的性能提升，在数据传输速率和时延上提供连续一致的用户体验；作为新业务的运营支撑平台，提供更有价值的网络服务，如保证通信的低时延、高可靠性等；降低运营成本，提高能效；提供按需服务的能力，向用户提供差异化、定制化的网络服务。由于国内外很多研究组织都已经启动了 5G 相关的研究，因此这份报告得到了绝大多数公司的支持。2015 年 2 月，沃达丰公司在 3GPP SA1 工作组第 69 次会议上提出在 3GPP Release 14 阶段进行 5G 需求研究的建议，并牵头成立了 SMARTER（New Services and Markets Technology Enablers）的研究立项，标志着 3GPP 开始了对 5G 系统的标准化研究。

为了抓住新的历史发展机遇，我国在经历了"2G 追赶，3G 突破，4G 并跑"的进步之后，提出了"5G 引领"的重大战略目标。为此，我国在 5G 相关研究上投入了大量的资金和人力。2013 年 2 月，在工业和信息化部、国家发展和改革委员会、科学技术部共同支持下，集合国内产学研界多方技术力量，共同成立了 5G 移动通信技术研究组织——IMT-2020（5G）推进组。IMT-2020（5G）推进组为推动我国第五代移动通信技术的研究作出了重要贡献。其中，IMT-2020 需求组于 2014 年 5 月发布了《5G 愿景与需求白皮书》，明确了 5G 网络中的业务可分为移动互联网业务和物联网业务，并描述了不同业务在不同场景下的需求特征，由此启动了国内关于 5G 网络架构和关键技术的研究。2015 年 2 月，IMT-2020 无线技术组发布了《5G 概念白皮书》，提出 5G 概念由"标志性能力指标 + 一组核心关键技术"共同定义，由此标志着我国 5G 工作从前期研究进入标准制定阶段。2015 年 5 月，IMT-2020 无线技术组发布了《5G 无线技术架构白皮书》，提出 5G 无线技术路线，5G 新空口的技术框架和关键技术。同时，IMT-2020 网络组发布了《5G 网络技术架构白皮书》，提出 5G 网络架构的设计原则，包括控制转发分离、控制功能重构、简化核心网结构、灵活高效的控制转发、支持高智能运营和开放网络能力，确定 SDN 和 NFV 技术为实施 5G 新型设施平台的基础。

IMT-2020（5G）推进组给出的 5G 网络逻辑架构如图 1-3 所示，架构主要由接入平面、控制平面和转发平面共同组成。根据其对 5G 网络架构的设计，接入平面包含各种无线接入设备，并能够对无线接入进行协同控制，提高了无线资源的利用率。控制平面通过网络功能重构，实现控制的集中化，从而对接入资源或转发资源进行全局调度。通过对控制平面功能的按需编排，可以实现面向用户与业务需求的定制化服务。另外，基于控制平面之上的网络能力开放层可以实现对网络功能的高效抽象，从而屏蔽底层网络的技术细节，实现运营商的网络能力向第三方应用的友好开放。转发平面包括网络中的转发功能、用户面下沉的分布式网关、边缘内容缓存等，转发平面接受集中的控制平面的统一控制，能够有效提高数据转发的效率和灵活性。

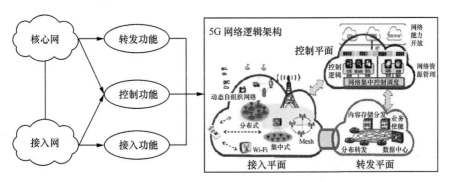

图 1-3　IMT-2020 发布的 5G 网络逻辑架构

学术界同样在 5G 技术方面进行了大量的研究和探索。目前在网络架构及移动性管理方面取得的共识是，未来 5G 移动通信网络将服务于差异化业务场景，需要满足自动化运维的需求。因此 5G 网络需依赖 SDN/NFV 等技术实现控制平面与转发平面分离、网络功能的虚拟化以及网络功能的动态扩展和灵活部署，从而提高网络的适应性、敏捷性和创新能力；在服务差异化业务场景时，5G 网络应能够针对具体业务场景的特点，有针对性地提供网络服务，如定制化的移动性管理和会话管理。

早期展开的 5G 网络架构和移动性管理技术的研究项目可分为两类：无线接入网架构研究和端到端网络架构研究。

1. 接入网架构研究

早期接入网架构的研究重点主要集中在虚拟化和去蜂窝化方面。

OpenRAN 提出了一种基于虚拟化技术的软件定义接入架构[17]。该架构实现了对频谱资源、计算资源和存储资源的虚拟化，以及对虚拟化资源的动态分配，使得网络控制器可以基于业务需求动态创建和优化虚拟接入单元。

Softcell 提出了一种基于 SDN 技术的可以实现精细化策略控制的蜂窝移动通信网络架构[18]，其主要构成包括部署在基站上的接入交换机以及部署在核心网的中心交换机和网络控制器。该架构通过分级的地址和策略标签，在接入交换机上进行数据细分，在中心交换机进行数据面转发规则的汇聚。

UUDN(User-Centric Ultra-Dense Networks) 针对超密集部署场景，提出建立以用户为中心的网络[19]，突破传统以网络为中心的理念，基于去蜂窝化的思想，采用更加贴近用户的本地控制管理中心构建以用户为中心的虚拟伴随小区，通过高效的移动性管理，实现网随人动。同时，系统智能感知用户需求和网络状态，按需选择合理的接入方式和传输方式，实现以用户为中心的业务传输。另外，以用户为中心的超密集网络还引入了先进的干扰管理、灵活的无线回传、智能的网络编排、网络自优化等先进特性，提升网络容量和区域频谱效率，降低部署和维护成本，提升用户体验。

2. 端到端网络架构研究

早期大量的端到端 5G 网络架构研究都借鉴了 IT 行业的 SDN 技术和电信业

的 NFV 技术，希望利用 SDN/NFV 技术实现网络架构的灵活定义和网络功能的动态定制。

欧盟的 FP7 项目 CROWD（Connectivity Management for eneRgy Optimised Wireless Dense Networks）子项目提出了一种用于支撑超密异构无线网络的架构[20]。该架构中，网络中的网元可以被控制器动态地编排和重配置，以实现对网络性能的优化。CROWD 网络采用了分级的 SDN 控制器，网络中的控制器分为两种：CROWD 区域控制器（CRC，CROWD Regional Controller）和 CROWD 本地控制器（CLC，CROWD Local Controller）。CRC 通常位于运营商网络的数据中心，主要用于根据网络的汇聚流量进行网络的长期优化，以及控制 CLC 的动态部署和生命周期管理。CLC 通常位于回传网络或者基站内部，主要根据网络中的瞬时数据进行有限数目基站的短期优化。遵循 SDN 控制器的原则，CRC 和 CLC 支持南向和北向接口，南向接口与移动通信网络中的网元相连，而北向接口提供了开放的 API 控制程序，使得控制程序无须关心网络中具体的数据处理，而仅关注于对网络的优化。控制程序实现的功能可以包括干扰抑制、WLAN（Wireless Local Access Network）优化、接入选择、基站管理、流量卸载等。

SoftNet（Software Defined Decentralized Mobile Network）提出了一种面向 5G 的去中心化移动通信网络架构[21]，能够根据具体通信场景的特点，如用户密度、用户的移动性信息、数据流量密度、流量特征等，以及网络的配置、运营商的策略、网络状态等，动态地激活位于统一接入网和基于 SDN 的核心网中的相关网络功能，从而智能灵活地定义网络架构，以提高系统性能和资源利用率，降低运维成本。

随着 SDN/NFV 技术的进一步成熟、5G 网络需求的明确以及对 5G 网络及技术的探索，再加上 NGMN 组织以及 3GPP 组织在技术方向上的引导，学术界又提出了一些新的 5G 端到端网络架构。这些架构进一步延伸了 SDN/NFV 的思想，提出基于网络功能的虚拟化和动态编排按需定制网络能力，并引入了网络切片的概念。主要研究如下。

文献 [22] 提出了一种基于 SDN 思想的 5G 网络架构 -SoftAir。SoftAir 由数

据平面和控制平面组成，数据平面进一步由软件定义的无线接入网和软件定义的核心网组成。SoftAir 中的无线接入网采用类似 C-RAN（Cloud-Radio Access Network）的设计，即基带处理单元集中到数据中心，而核心网的数据平面完全简化为 SDN 交换机的集合，控制平面仅由必要的网络管理功能和网络应用组成，包括移动性管理、流量路由、签约数据库等。

文献 [23] 认为移动通信网络的演进式发展已经难以跟上移动业务发展的需求，因此提出一种面向业务的端到端 5G 网络架构。该架构引入了逻辑集中的控制平面，主要由核心网控制器、接入网控制器以及业务协调功能组成，核心网控制器和接入网控制器需根据业务协调器的决策进行网络设置，以保证业务的端到端服务质量（QoS，Quality of Service）和用户体验。

文献 [24] 指出移动通信网络架构的发展方向是成为整合了多种技术和多样部署的"多个系统的系统"，每个系统都可以针对其实际用途被裁剪定制。基于此，作者提出了软件定义的移动网络控制架构，用于实现对控制平面移动网络功能的动态控制与编排，使得移动通信网络的控制平面功能能够被任意地部署在边缘云或者中心云中。

文献 [25] 指出 5G 网络架构设计需要综合考虑软件控制和硬件基础设施，以及二者之间的互操作。作者认为网络切片技术恰好可以在统一物理基础设施和共享网络资源上满足多样化的网络需求。基于这种考虑，作者提出了一种基于网络切片的 5G 系统架构。在该系统中，接入网的无线接入部分由支持多种接入技术异构网络组成，接入网的其他功能位于边缘云中，边缘云主要支持数据转发和基带处理；核心网的控制平面和用户平面都位于核心云中，位于核心网的 SDN 控制器可以通过集中方式来创建边缘云和中心云之间的映射，从而控制网络切片。

文献 [26] 针对未来移动通信网络提出了一种基于 SDN 和 NFV 技术的蜂窝网络架构——Cellular SDN。在该架构中，移动运营商能够感知用户数据并进行大数据分析，然后利用 SDN/NFV 技术实现动态的资源管理和智能业务编排，最终向用户提供定制化服务，提高网络资源利用率和用户体验。

由此可见，5G 网络正朝着网络功能虚拟化、软件化、智能化的方向发展。提高网络面向差异化应用场景时的适应能力，使网络能够向用户提供按需服务成为 5G 网络架构及关键技术研究的焦点。

1.2.2　5G 技术的标准化进展

3GPP 组织是 5G 技术标准化的主战场，但是 3GPP 主导的 5G 技术中也包含了其他研究组织的贡献，如 ETSI(European Telecommunications Standards Institute)、NGMN、4G America、国内 IMT-2020 等组织的研究成果。

为了将国内的研究成果转化为国际标准，实现"5G 引领"的目标，2015 年 10 月，国内各厂商共同努力推动了 5G 系统架构标准研究项目 NextGen(Next Generation) 项目在 3GPP SA2 工作组的正式立项 [27]，这标志着中国在移动通信技术标准化领域又一次取得了里程碑式的成果。NextGen 项目主要从 5G 网络的架构和关键技术展开研究，研究内容包括 5G 系统架构、网络功能和接口、网络切片技术、移动性管理技术、会话管理技术、QoS 控制、迁移与互操作等。该项目的研究成果和结论是 3GPP 5G 网络架构相关标准的技术基础，其提出的网络功能软件化、基于服务化网络接口的网络功能定制、网络切片，以及按需的移动性管理和会话管理成为 5G 网络技术的亮点。经过一年的标准研究，2016 年 11 月，再次由中国公司牵头在 3GPP SA2 工作组联合提交了正式开展 5G 系统架构标准化工作的立项 [28]，即 5G 网络系统架构第一阶段（5GS_Ph1)项目，开始基于前期的研究成果进行 5G 网络系统的标准制定工作，该项目制定的标准涵盖了系统架构设计、移动性管理、会话管理、QoS 控制、策略控制、非 3GPP 接入支持、语音与短信业务支持、LTE 核心网系统之间的迁移与互操作等多个方面。

5GS_Ph1 项目已经在 2017 年 12 月正式结项，相关的研究成果已经成功转化为 Release 15 版本的技术规范，主要分为：描述系统架构和网络功能的标准协议 TS 23.501，描述系统工作流程的标准协议 TS 23.502，以及描述策略

与计费控制框架的标准协议 TS 23.503。由于 5G 第一阶段的标准规范尚不完善，目前仍在维护当中。另一方面，3GPP 启动了 5G 第二阶段的立项，展开了 Release 16 版本的 5G 技术研究，包括了网络技术和无线接入技术方向。在网络技术方向，3GPP 网络架构组将 5G 物联网通信、网络切片增强、5G 车联网架构、5G 定位技术增强、5G 低时延高可靠网络、5G 网络自动化、垂直行业局域网、卫星接入网络架构等列为重要的研究项目。在无线接入技术方向上，3GPP 确定了包括 MIMO（Massive Input Massive Output）增强、52.6 GHz 以上的 5G 新空口（NR，New Radio）、5G NR 双连接、无线接入 / 无线回传一体化、5G 新空口移动性管理增强、非正交多址接入等 15 个研究方向。

| 1.3　5G 关键技术 |

为了能够满足不同业务场景下的通信需求，保证用户体验，实现移动网络的高效运维，5G 网络不仅在无线接入技术上要有突破，在网络技术方面也要有创新。在无线接入技术方面，将挖掘和引入能进一步提升频谱效率潜力的技术，如大规模天线技术、超密集组网技术、非正交多址技术、先进编码与调制技术、高频段通信技术、灵活双工、终端直通技术等。在网络技术方面，将引入使网络服务更智能、部署更灵活的技术，如控制与转发分离的软件定义网络（SDN）技术、网络功能虚拟化（NFV）技术、网络切片技术、移动边缘计算（MEC，Mobile Edge Computing）等。

1.3.1　5G 无线接入关键技术

根据 IMT-2020（5G）推进组的梳理，5G 无线接入关键技术 [29] 主要有大规模多天线、超密集组网、非正交多址接入、高频通信、低时延高可靠物联网、灵活频谱共享、新型编码调制、新型多载波、机器通信（M2M）、终端直接通信（D2D）、灵活双工、全双工 12 项关键技术。但是目前 5G 关键技术已经收敛[30]，主要的关键技术包括：大规模多天线和非正交多址接入技术提升频谱效率，构成在"任何时间、任何地点"确保用户体验的关键技术；超密集组网和高频通信技术提升热点流量和传输速率，基于 LTE-Hi 演进技术[31] 的能力提升；低时延和高可靠技术拓展业务应用范围，成为 5G 物联网应用（如工业互联网、车联网）的关键使能技术。

1. 大规模多天线（Massive MIMO）技术

传统的无线传输技术主要是挖掘时域与频域资源，20 世纪 90 年代，Turbo 码的出现使信息传输速率几乎达到了香农限。多天线技术将信号处理从时域和频域扩展到空间域，从而提高无线频谱效率和传输可靠性。多天线技术经历了从无源到有源，从二维到三维，从高阶 MIMO 到大规模阵列天线的发展。

从香农信息论可知，从 1G 到 3G，通过调制与编码等技术进步来提高信噪比实现容量提升的方法已接近极限。而理论上，MIMO 系统容量与天线数成正比，即增加天线数可以线性地增加系统容量。当基站侧天线数远大于用户天线数时，基站到各个用户的信道将趋于正交。此时，用户间干扰将趋于消失，而巨大的阵列增益将有效地提升每个用户的信噪比，从而能在相同的时域和频域资源共同调度更多用户。

随着关键技术的突破，特别是射频器件和天线等的进步，多达 100 个以上天线端口的大规模多天线技术在 5G 应用成为可能，是目前业界公认为应对 5G 在系统容量、数据速率等挑战的标志技术之一。在实际应用中，5G 通过大规模多天线阵列，基站可以在三维空间形成具有更高空间分辨率的高增益窄细波束，实现更灵活的空间复用能力和改善接收端接收信号，并且更窄波束可以大幅度降低用户间的干扰，从而实现更高的系统容量和频谱利用效率[32]。

大规模多天线技术在 5G 的潜在应用场景包括宏覆盖、高层建筑、异构网络、室内外热点以及无线回传链路等。在广域覆盖场景，大规模多天线技术可以利用现有频段。在热点覆盖或回传链路等场景中，则可以考虑使用更高频段。由

此可见，大规模多天线技术是 5G 标志性技术之一，中国信科（大唐）国内各大通信厂商十分重视并投入了大量的人力、物力用于该项技术的研究，这使得我国在该项技术的标准化和产品研发等方面均处于国际领先地位。

2. 超密集组网（UDN）技术

据统计，在 1950—2000 年的 50 年间，相对于语音编码和调制等物理层技术进步带来不到 10 倍的频谱效率提升和采用更大的频谱带宽带来的传输速率几十倍的提升，通过缩小小区半径（频谱资源的空间复用）带来的频谱效率提升达到 2700 倍以上 [33]。可见，网络密集化是 5G 应对移动数据业务大流量和剧增系统容量需求的重要手段之一。网络密集程度可以用单位面积内部署的天线数量来定义，有两种手段可以实现：多天线系统（大规模多天线或分布式天线系统等）、小小区的密集部署。后者就是超密集组网，即通过更加"密集化"的基站等部署，单个小区的覆盖范围大大缩小，以获得更高的频率复用效率，从而在局部热点区域提升系统容量到达百倍量级。典型应用场景主要包括办公室、密集住宅、密集街区、校园、大型集会、体育场、地铁、公寓等。

随着小区部署密度的增加，超密集组网将面临许多新的技术挑战，如回传链路、干扰、移动性、站址、传输资源和部署成本等。为了实现易部署、易维护、用户体验佳，超密集组网技术方向的研究内容包括以用户为中心的组网技术、小区虚拟化、自组织自优化、动态 TDD、先进的干扰管理、先进的联合传输等。

3. 非正交多址接入技术

多址接入技术是解决多用户信道复用的技术手段，是移动通信系统的基础性传输方式，关系到系统容量、小区构成、频谱和信道利用效率以及系统复杂性和部署成本，也关系到设备基带处理能力、射频性能和成本等工程问题。多址接入技术可以将信号维度按照时间、频率或码字分割为正交或者非正交的信道，分配给用户使用。历代移动通信系统都有其标志性的多址接入技术，即作为其革新换代的标志。例如，1G 的模拟频分多址（FDMA, Frequency Division Multiple Access）技术、2G 的时分多址（TDMA, Time Division Multiple

Access）和频分多址（FDMA）技术、3G 的码分多址（CDMA，Code Division Multiple Access）技术、4G 的正交频分复用（OFDM，Orthogonal Frequency Division Multiplexing）技术。1G 到 4G 采用的都是正交多址接入。对于正交多址接入，用户在发送端占用正交的无线资源，接收端易于使用线性接收机来进行多用户检测，复杂度较低，但系统容量会受限于可分割的正交资源数目。从单用户信息论角度，4G LTE 的单链路性能已接近点对点信道容量极限，提升空间十分有限；若从多用户信息论角度，非正交多址技术还能进一步提高频谱效率，也是逼近多用户信道容量界的有效手段。

因此，若继续采用传统的用户占用正交的无线资源难以实现 5G 需要支持的大容量和海量连接数。理论上，非正交多址接入将突破正交多址接入的容量极限，能够依据多用户复用倍数来成倍地提升系统容量。非正交多址接入需要在接收端引入非线性检测来区分用户，这得益于器件和集成电路的进步，目前非正交已经从理论研究走向实际应用。

图样分割多址接入（PDMA，Pattern Division Multiple Access）技术 [34]，是大唐电信在早期 SIC Amenable Multiple Access(SAMA)[35] 研究基础上提出的一种新型非正交多址接入技术。该技术采用发送端与接收端联合优化设计的思想，将多个用户的信号通过 PDMA 编码图样映射到相同的时域、频域和空域资源进行复用叠加传输，这样可以大幅度地提升用户接入数量。接收端利用广义串行干扰删除算法实现准最优多用户检测，逼近多用户信道容量界，实现通信系统的整体性能最优。PDMA 技术可以应用于通信系统的上行链路和下行链路，能够提升移动宽带应用的频谱效率和系统容量，支持 5G 的海量物联网终端接入数量。根据大唐电信对 PDMA 仿真评估，PDMA 能够使得系统下行频谱效率提升 50% 以上，上行频谱效率提升 100% 以上。采用 PDMA 与正交频分复用技术（OFDM）结合的接入方式时，能支持的终端接入数量相对于 4G 提升 5 倍以上。2014 年，PDMA 技术被写入 ITU 的新技术报告 IMT.Trend[36]。

此外，华为公司提出的稀疏码分多址技术（SCMA，Sparse Code Multiple Access）和中兴公司提出的多用户共享接入技术（MUSA，Multi-User Shared

Access）也都受到了业界的广泛关注。

4. 先进编码与调制技术

编码和调制是移动通信中利用无线资源的主要技术手段之一。由于未来 5G 应用场景和业务类型的巨大差异，单一的波形很难满足所有需求，多种波形技术共存，在不同的场景下发挥各自的作用。新型多载波从场景和业务的根本需求出发，以最适合的波形和参数，为特定业务达到最佳性能发挥基础性的作用。

5G 高速数据业务对编译码的复杂度和处理时延提出了挑战，低密度奇偶校验码（LDPC，Low Density Parity Check Code）在大数据包和高码率方面具有性能优势并且译码复杂度低，但编码复杂度相对较高[37]。对于低速数据和短包业务，极化码（Polar 码）是逼近信道容量的新型编码[38]，在小数据包方面有更好的表现，适用于对顽健性要求较高的控制信道，因此成为 5G 控制信道编码方案。

目前，5G 三大应用场景都分别采用适宜的编码方式，其中，LDPC 成为 5G 数据信道编码方案，中国公司主推的 Polar 码成为 5G 控制信道编码方式。

5. 高频通信技术

目前蜂窝移动通信系统工作频段主要在 3 GHz 以下，用户数的增加和更高通信速率的需求，使得频谱资源十分拥挤。业界预测到 2020 年移动通信频率需求总量为 1390 ~ 1960 MHz，我国预测结果为 1490 ~ 1810 MHz，频率缺口达到 1 GHz。频率短缺矛盾凸显，而在 6 GHz 以上高频段具有连续的大带宽频谱资源。目前业界研究 6 ~ 100 GHz 的频段（称为毫米波通信，mmWave）来满足 5G 对更大容量和更高速率的需求，传送高达 10 Gbit/s 甚至更高的数据业务。

高频通信已应用在军事通信和无线局域网，应用在蜂窝通信领域的研究尚处于起步阶段。频段越高，信道传播路损越大，小区覆盖半径将大大缩小。因此，5G 毫米波的主要应用场景是室内场馆、办公区覆盖及室外热点覆盖、无线宽带接入等，可以与 6 GHz 以下网络协同组成双连接异构网络，实现大容量和广覆盖的有机结合。在一定区域内基站数量将大大增加，即形成超密集组网（UDN）。高频信道与传统蜂窝频段信道有着明显差异，存在传播损耗大、穿透能力有限、信道变化快、绕射能力差、移动性支持能力受限等问题，需要深入研究高频信道的测量与建模、高频新空口和组网技术。另外，研制大带宽、低噪声、高效率、高可靠性、多功能、低成本的高频器件，仍是产业化的瓶颈，而我国产业在这方面差距更大。

6. 双工模式

双工模式是指如何实现信号的双向传输。时分双工（TDD，Time-Division Duplex）是通过时间分隔实现传送及接收信号。频分双工（FDD，Frequency-Division Duplex）是利用频率分隔实现传送及接收信号。从 1G 到 4G，GSM、CDMA、WCDMA 和 FDD LTE 都是 FDD 系统，以大唐电信为代表的我国企业主导的 3G TD-SCDMA 和 4G TD-LTE 都是 TDD 系统。最新的研究方向是全双工。

全双工是指同时、同频进行双向通信，即无线通信设备使用相同的时间、相同的频率，同时发射和接收无线信号，理论上可使无线通信链路的频谱效率提高一倍。由于收发同时同频，全双工发射机的发射信号会对本地接收机产生干扰。根据典型蜂窝移动通信系统不同的覆盖半径，天线接头处收发信号功率差通常在 100 ～ 150 dB，如何简单有效地消除如此大的自干扰是个难题，还有邻近小区的同频干扰问题，以及工程实现上的电路小型化问题。目前自干扰抑制主要有空域、射频域、数字域联合等技术路线，研究以高校的理论分析和技术试验为主，还没有成熟的产品样机和应用。另外，全双工在解决无线网络中某些特殊问题有优势，如隐藏终端问题、多跳无线网络端到端时延问题。

灵活双工能够根据上下行业务变化情况，灵活地分配上下行的时间和频率资源，更好地适应非均匀、动态变化或突发性的业务分布，有效提高系统资源的利用率。灵活双工可以通过时域、频域的方案实现。若在时域实现，就是同一频段上下行时隙可灵活配比，也就是 TDD 方案。若在频域实现，则是存在多于两个频段时，可以灵活配比上下行频段。若在传统 FDD 上下行的两个频段中，

将上行频段的时隙配置可灵活上下行时隙配比，则是 TDD 与 FDD 融合方案，可应用于低功率节点。这种方案需要调研各国频率政策，分析现有政策是否允许此方式。

目前产业界公认在 LTE 演进上主要定位 TDD+，5G 低频段将采用 FDD 和 TDD，在高频段更宜采用 TDD，TDD 模式能更好地支持 5G 关键技术（如大规模多天线、高频通信等）。有研究认为：全双工在 5G 中应用还不成熟，TDD 和 FDD 都会得到应用且融合发展，但 TDD 在 5G 解决大容量和高频段中会起到主导应用，而且 5G 新空口极可能采用 TDD 模式 [8]。

7. 车联网直通技术

车联网直通技术是指基于无线通信技术实现车联网中车辆与车辆之间的直接通信。具体到 5G 系统中，是指基于蜂窝移动通信系统的 C-V2X（Cellular Vehicle to Everything）技术在 5G 中的演进。

目前，国际上用于 V2X 通信的主流技术包括 IEEE 802.11p[39] 和基于蜂窝移动通信系统的 C-V2X 技术。前者由 IEEE 进行标准化，后者由 3GPP 主导推动。基于 4G、5G 蜂窝网络技术演进形成 C-V2X 技术，根据所基于的移动通信系统技术，C-V2X 又包括 LTE-V2X 和 NR（New Radio）-V2X[40-41]。5GAA（5G Automotive Association）对 IEEE 802.11p 和 LTE-V2X 进行了技术对比，从物理层设计、MAC 层调度等角度进行对比分析 [42]，福特也在 5GAA 发布了与大唐电信、高通联合开展的实际道路性能测试 [43]，表明 LTE-V2X 在资源利用率、可靠性和稳定性等方面具有优势。

LTE-V2X 主要面向辅助驾驶和半自动驾驶的基本道路安全类业务，为了提供车辆直通通信技术，针对道路安全业务的低时延高可靠传输要求、节点高速运动、隐藏终端等挑战，进行了物理层子帧结构增强设计、资源复用、资源分配机制和同步机制等技术增强 [44-47]。NR-V2X 将面向车辆编队行驶、车载传感器数据共享、自动驾驶和远程驾驶等场景，面临低时延、高可靠、高速率、高载频的应用需求。3GPP 已于 2018 年 6 月启动 NR-V2X 的研究，预计 2020 年完成标准制定。其中，将从无线接入角度研究面向 5G 新空口的物理层帧结构增强、资源分配、同步机制、QoS 管理，以及 NR-V2X 与 LTE-V2X 的共存机制；将从系统架构角度研究与 MEC/SDN/NFV 结合的核心网架构[48-51]。

1.3.2　5G 网络关键技术

在目前研究和定义的各项 5G 网络技术中，影响到 5G 网络架构的关键技术主要有两种：网络切片技术和移动边缘计算技术。网络切片技术是 SDN/NFV 技术与移动通信网结合的产物，能够让 5G 网络按需提供定制化的网络服务。移动边缘计算技术则赋予 5G 网络更强的性能和更优质的服务能力。

1. SDN/NFV 技术

软件定义网络（SDN）始于学术研究和数据中心，是一种网络设计理念和新型开放网络架构，具有控制与转发分离、控制逻辑集中和网络可编程三大特征。控制器具有全局网络信息、负责调度网络资源和制定转发规则等，网络设备仅提供简单的数据转发功能。层间采用开放的统一接口（如 OpenFlow 等）进行交互，这样有利于实现网络连接的可编程。

网络功能虚拟化（NFV）由电信运营商联盟提出，是一种软件与硬件分离的架构。NFV 通过在业界标准的服务器、存储设备和交换机等硬件基础设施上采用 IT 虚拟化技术实现软件的动态加载，从而实现网络功能重构和网络智能编排，降低了设备成本、加快网络和业务的部署速度，改变过去由专用硬件设备来部署的被动局面。

由此可见，SDN 和 NFV 具有很强的互补性，但是并不相互依赖，两个概念和解决方案可以融合应用。SDN 控制网络的动态连接，NFV 实现灵活的网络功能部署，SDN 和 NFV 可以互为使能。

5G 需要支持多种不同类型的业务和多样化的通信场景，这些多样化业务和场景对 5G 网络的性能需求差异很大，如 mMTC 的海量连接物联网，URLLC 的低时延、高可靠的车联网和工业互联网应用等对 5G 网络中的数据传输时延、

可靠性等方面存在差异化需求。显然，5G 网络无法通过统一的网络架构来满足这些差异化需求。因此，5G 将基于 SDN 和功能重构的技术设计新型网络架构，提高网络面向 5G 复杂场景下的整体接入性能；基于 NFV 按需编排网络资源，实现网络切片和灵活部署，满足端到端的业务体验和高效的网络运营需求。5G 的 NFV 技术还将从核心网向无线接入网推进，但如何有效实现无线资源虚拟化还需深入研究。

软件定义与可编程的优点是能感知环境与业务、提供基于场景的业务和应用、方便网络能力开放。但同时，SDN 和 NFV 带来了 5G 网络和业务运维的新问题。5G 采用通用硬件平台，带来了相比于传统专用通信硬件的低可靠性问题，且与 5G 服务工业互联网、车联网等的高可靠性矛盾。

2. 网络切片

传统的网络使用"one-size-fits-all"的网络结构来支持各种类型的业务，例如，IoT 业务、移动银行业务、视频流业务和移动社交网络业务，这种集成的网络结构扩展性较弱，在适应用户需求时面临诸多的问题。云计算、SDN 和 NFV 技术的发展使得这种集成系统可以被分解成相互独立的网络功能组件，然后以可编程和虚拟化的方式串联成一个个具有特定服务能力的水平网络去服务不同需求的业务场景。这种提供特定服务和网络能力的一组网络功能以及运行这些网络功能的资源的集合被 3GPP 和 NGMN 定义为一个网络切片 [9, 52]。

从物理上看，网络切片将物理网络通过虚拟化技术分割为多个相互独立的虚拟网络。从逻辑上看，每个网络切片中的网络功能可以在定制化的裁剪后，通过动态的网络功能编排形成一个完整的实例化的网络架构。当一个网络切片包括了接入网和核心网的网络功能时，该网络切片实际上已经构成了一个独立的移动通信网络来服务于特定的业务场景。由于 5G 网络中存在多种业务场景，5G 网络需具备虚拟化切片的能力，因此每个网络切片能够适配不同的业务和通信场景，以提供合理的网络控制和高效的资源利用。通过为不同的业务和通信场景创建不同的网络切片，使得网络可以根据不同的业务特征采用不同的网络架构和管理机制，包括合理的资源分配方式、控制管理机制和运营商策略，能够满足不同通信场景中的差异化需求，提高用户体验以及网络资源的利用效率。在创建新的网络切片时，运营商的运维系统可以通过编排集中管理的网络资源来实现网络功能的自动化部署。图 1-4 给出了 5G 系统中网络切片技术的逻辑框架。

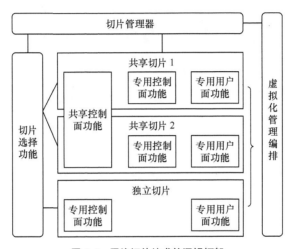

图 1-4　网络切片技术的逻辑框架

在图 1-4 中，网络切片管理器功能连接了商务运营、虚拟化资源平台和网管系统，能够为不同的切片需求方（如垂直行业用户、虚拟运营商和企业用户等）提供安全隔离、高度自控的专用逻辑网络切片。切片选择功能能够基于终端请求、业务签约等多种因素，为用户终端提供合适的网络切片，实现用户终端与网络切片间的接入映射。在多个网络切片之间，允许部分控制面网络功能共享，这是为了在终端用户同时连接到多个不同切片时，能够使用统一的移动性管理、接入鉴权和安全控制等功能来为终端提供服务。

3．移动边缘计算

移动边缘计算（MEC）技术通过将计算存储能力与业务服务能力向网络边缘迁移，实现应用、服务和内容的本地化、近距离、分布式部署。一方面在一定程度解决了 5G 网络热点高容量、低功耗大连接，以及低时延高可靠等技术

场景的业务需求；另一方面也可以减少无线和移动回传资源的消耗，缓解运营商进行承载网络建设和运维的成本压力，有利于运营商开拓新的商业机会。随着大数据分析和数据挖掘技术的发展，MEC 还能够挖掘移动网络中的数据和信息，实现移动网络上下文信息的感知和分析。通过将数据分析结果开放给第三方业务应用，可以有效提升移动网络的智能化水平，促进网络和业务的深度融合。因此，MEC 成为未来 5G 网络的关键技术之一。

移动边缘计算提供了一种新的生态系统和价值链，允许运营商向授权的第三方开放网络能力，从而灵活、迅速地向移动用户、企业和垂直市场部署创新的应用和服务。根据欧洲电信标准化协会（ETSI，European Telecommunications Standards Institute）关于 MEC 项目的研究 [53]，移动边缘计算的应用案例主要包括七大类：智能化视频加速、视频流分析、增强现实、密集计算辅助、园区业务、车联网、物联网。MEC 带来的新应用场景可能催生新的商业模式，如边缘网络的运营、边缘内容的运营等，由此给 5G 网络带来新的价值增长。

MEC 所实现的核心功能如下。

（1）优化网络服务：通过与网关功能联合部署，构建灵活的服务体系和优化的服务运行环境。

（2）动态业务链功能：随着计算节点与转发节点的融合，MEC 在控制面功能的集中调度下，实现了动态业务链技术，灵活控制业务数据流在应用网络间路由。

（3）控制平面辅助功能：MEC 可以和移动性管理、会话管理等控制功能结合，进一步优化服务能力，例如，获取网络负荷、应用 SLA 和用户等级等参数灵活、优化地控制本地服务等。

在具体实现上，MEC 使用虚拟化移动边缘平台为第三方应用提供服务。移动边缘平台提供一组基本预先定义的中间件服务，允许第三方应用与底层网络进行丰富的互动，包括对无线网络状态的感知，从而使得应用层能够动态适应底层网络环境的变化。基于虚拟化技术，目前 MEC 还需要考虑的问题主要包括移动性支持、统一可编程接口、流量路由、应用与业务的生命周期管理以及 MEC 平台服务管理等。

|1.4　5G 网络架构|

在 5G 网络架构研究阶段，产业界和学术界进行过大量技术研究和探讨，提出过如文献 [8-25] 中所介绍的多种网络架构。最终在 3GPP 组织落地的 5G 网络架构则是取众家之所长，其定义的标准化的 5G 网络架构，包括非漫游态架构和漫游态架构 [38]。与传统网络架构相比，5G 网络架构的突出特点是支持网络功能的虚拟化和网络功能间接口的服务化，这保证了未来 5G 移动通信网络能够向性能更优质、功能更灵活、运营更智能和生态更友好的方向发展。

1.4.1　5G 网络架构的需求和设计原则

在 5G 网络架构设计之初，3GPP 就针对 5G 业务场景的需求和挑战总结了运维的新挑战，然后基于需求和挑战提出 5G 网络架构的总的设计原则。

从无线接入架构上看，5G 系统需支持多种接入技术，包括新一代无线空口（NR）、演进的 LTE 无线接入和 non-3GPP 接入。其中，作为 non-3GPP 接入类型的一部分，5G 系统支持 WLAN 接入（包括非可信 WLAN）和固定接入。而从通信系统的演进和商业进程看，5G 系统已经不需要支持 2G 和 3G 的无线接入网络，但是可能需要增加卫星接入支持。

从核心网架构上看，5G 系统需支持不同接入系统的统一鉴权框架。支持网络的控制平面（CP，Control Plane）与用户平面（UP，User Plane）分离。利用 SDN/NFV 等技术减少系统的总开销，改善运营效率、能耗，提高业务创新的灵活性；支持网络切片，并支持针对垂直行业应用增强系统体系架构；支持网络的动态扩缩容；支持灵活的信息模型，该模型体现用户相关的被管理数据

之间的关系，并具有协议无关特性；支持数据和数据库位置在（接入 / 核心）网络中的优化分布，以便网络实体能够高效地管理用户相关数据。

　　从网络的服务能力上看，5G 系统需高效支持多样化的终端移动性和业务连续性。支持具有低时延需求的应用，包括第三方应用，这些应用可以被部署在运营商可信域中靠近接入网络的位置。

　　基于以上架构需求和运营挑战的考虑，以及对架构备选方案的分析与比较，3GPP 定义了 5G 网络架构设计需遵循的一般原则，具体如下。

　　（1）UP 与 CP 分离，允许二者独立地进行拓展、演进和灵活部署，例如，集中式部署或分布式（远端）部署。

　　（2）功能设计模块化，例如，使能灵活高效的网络切片。

　　（3）尽可能将流程，即网络功能（NF，Network Function）间的接口逻辑，定义为服务，以便使其可重用。

　　（4）使每个 NF 在需要时能直接与其他 NF 交互。架构不排除使用中间功能来协助完成控制面消息路由的可能，如使用类似路由代理的功能。

　　（5）使接入网（AN，Access Network）与核心网（CN，Core Network）之间的耦合最小化。架构应支持使用统一的核心网以及统一的 AN-CN 间接口来服务不同的接入技术类型，如 3GPP 接入和 non-3GPP 接入。

　　（6）支持统一的鉴权框架。

　　（7）支持无状态网络功能，其计算资源与存储资源是解耦的。

　　（8）支持能力开放。

　　（9）支持对本地部署和集中部署业务的并发访问。为了支持低时延业务和对本地数据网络的访问，UP 功能可以部署在靠近接入网的位置。

　　（10）支持归属地路由和本地疏导两种漫游场景。

1.4.2　5G 网络的逻辑架构

　　从逻辑上看，基本的 5G 网络架构主要由接入和移动性管理功能（AMF，

Access and Mobility Management Function）、会话管理功能（SMF，Session Management Function）、统一数据管理功能（UDM，Unified Data Management）、鉴权服务器功能（AUSF，Authentication Server Function）、用户面功能（UPF，User Plane Function）、网络切片选择功能（NSSF，Network Slice Selection Function）、策略控制功能（PCF，Policy Control Function）等网络功能构成[52]。根据应用场景的不同，5G 网络架构分为非漫游态架构、本地疏导方式的漫游架构和归属地路由方式的漫游架构。由于 5G 系统统一采用了服务化接口，因此本节首先展示网络架构的服务化接口表述，然后通过网络架构介绍各网络功能之间的接口关系。

1. 非漫游态 5G 系统架构

基于服务化接口的非漫游态 5G 网络架构如图 1-5 所示。图中核心网内的所有网络功能都向外提供标准化的服务化接口（SBI，Service Based Interface），供其他 NF 调用其服务。所有 NF 在需要时都可以与非结构化数据存储功能、统一数据仓库（UDR，Unified Data Repository）、网络能力开放功能以及网络存储库功能（NRF，Network Repository Function）进行交互。

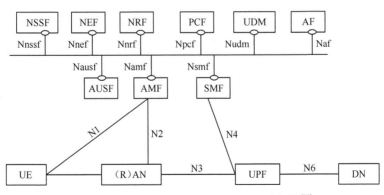

图 1-5　基于服务化接口的非漫游态 5G 网络架构[52]

通过参考点来描述的非漫游态 5G 网络架构如图 1-6 所示，从该图中可以看出主要网络功能之间的接口关系。

2. 漫游态 5G 系统架构

基于服务接口的本地疏导方式漫游态 5G 网络架构如图 1-7 所示。在该架构中，终端的会话连接完全由拜访网络的会话管理功能和用户面功能进行控制和提供服务，但拜访网络需要与归属地网络中的策略控制功能进行交互，获取网络控制和计费策略。

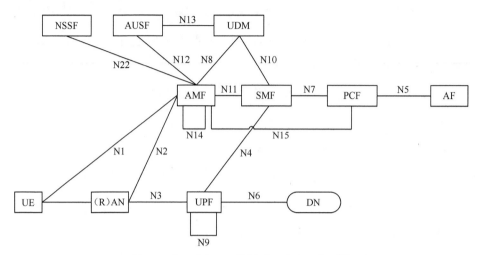

图 1-6　非漫游态 5G 系统架构的参考点表述 [52]

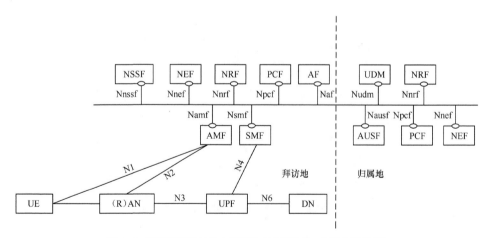

图 1-7　基于服务接口的本地疏导方式漫游态 5G 网络架构 [52]

　　基于服务接口的归属地路由方式漫游态 5G 网络架构如图 1-8 所示。在该架构中，漫游态的终端仍然通过归属网络中的会话管理功能 / 用户面功能连接到数据网络（DN），因此终端的用户面数据需要经过拜访地网络中的用户面功能路由到归属地网络中。

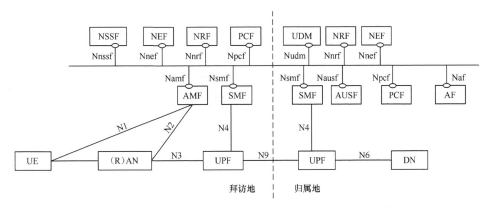

图 1-8　基于服务接口的归属地路由方式漫游态 5G 网络架构[52]

图 1-9 所示为采用本地疏导方式漫游态 5G 网络架构的参考点表述，图 1-10 所示为采用归属地路由方式漫游态 5G 网络架构的参考点表述。

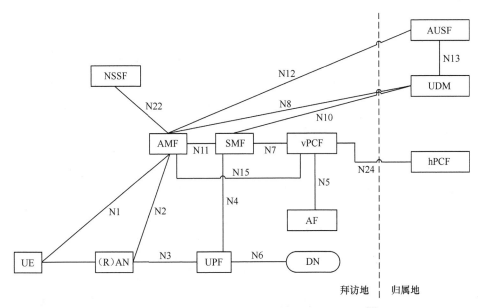

图 1-9　本地疏导方式漫游态 5G 网络架构的参考点表述[52]

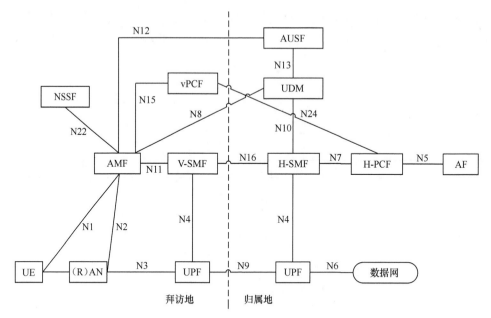

图 1-10   归属地路由方式漫游态 5G 网络架构的参考点表述 [52]

1.4.3   5G 的主要网络功能

在构成 5G 网络的主要网络功能中，与移动性管理相关的网络功能主要包括接入和移动性管理功能（AMF）、会话管理功能（SMF）和用户面功能（UPF），因此本节主要介绍这 3 种网络功能的主要功能与作用。

AMF 的主要功能：信令终结和路由功能，包括终结 RAN 控制平面接口（N2接口）和终结 NAS（N1）信令，提供 NAS 信令消息的加密和完整性保护；提供接入控制和移动性管理，包括签约控制、接入鉴权和授权，进行注册管理、连接管理和可达性管理等；安全管理，提供安全锚点功能（SEAF，Security Anchor Functionality），根据 SEAF 发出的用于生成接入网络相关的特定密钥，管理安全上下文；提供终端与会话管理功能之间的会话管理（SM）消息传输，是路由 SM 消息的透明代理；进行合法监听（接入和移动性管理功能相关的事件及与合法监听系统的接口）。除了上述功能，AMF 还可能支持 non-3GPP 接入相关功能，包括支持与非 3GPP 互操作功能的 N2 接口、终结终端在非 3GPP 互操作功能上传输的 NAS 信令等。

SMF 的主要功能：终结会话管理相关的 NAS 消息；进行会话管理，如会话建立、修改和删除，包括用户面功能与接入网络间的隧道维护；确定会话的业务连续性模式；进行终端 IP 地址分配和管理；用户面功能的选择和控制；策略执行和 QoS 控制；计费控制（用户面功能上的计费数据收集的控制与协调）、计费数据收集和支持计费接口；下行数据通知；支持漫游；合法监听（包括归属网络和漫游网络中 SM 相关的事件及与 LI 系统的接口）。另外，为了支持与外部数据网络的交互，会话管理功能还支持与外部数据网络间的会话鉴权 / 授权相关信令的传输。

UPF 的主要功能：移动性管理锚点功能，包括接入技术内或接入技术间的移动性；数据网络互连；数据报文的路由和转发；报文检测和用户面的策略执行；流量路由（包括对上行分类器和多路径分支路由的支持）；用户面的 QoS 处理，如报文过滤、门控、上下行速率控制等；上下行传输层报文的标记；上行流量校验（业务数据流到 QoS 流的映射）；下行数据缓存和下行数据通知；合法监听（用户面数据采集）。

在实际网络中，对于一个网络功能的具体实例，可以进行功能裁剪，即仅实例化其部分功能，这样可以实现网络能力的定制化，提高网络的服务效率和降低能耗。

| 1.5　小结 |

传统移动通信网络主要服务于语音业务和普通数据业务，然而随着智能终端、移动互联网和物联网的发展，移动通信网络中逐渐引入了许多新业务，如社交网络、移动云计算、垂直行业应用等，这些新业务对传统的移动通信网络

提出了新的挑战。因此需要研究新一代的移动通信网络，即 5G 网络。

本章首先分析了 5G 网络面临的新场景和新需求，指出 5G 网络除了服务于传统的语音和数据业务外，还将服务于各种新型的移动互联网应用和垂直行业应用。因此 5G 网络在数据速率、时延、可靠性、流量密度、连接密度、移动性等多个技术指标上均面临更高的性能要求。为了应对 5G 性能指标和挑战，世界各研究组织机构进行了大量的研究。本章介绍了学术界和工业界在 5G 技术研究上取得的进展和成果，进而总结提炼出用于支持 5G 更高性能指标的关键技术方向，包括接入技术和网络技术。最后基于国际标准化组织 3GPP 的 5G 技术标准，给出了 5G 网络的设计原则、总体架构和主要网络功能的构成。

目前，针对 5G 的第一阶段研究已经基本完成，输出的 5G 网络架构主要还是用于满足移动互联网的需求。下一阶段的研究重点在于对垂直行业的支持和网络智能化的实现，为工业控制、远程医疗、智能交通等各种行业应用提供各种支撑和服务。

| 参考文献 |

[1]　吴晓文，黄顺吉 . 蜂窝移动通信系统技术的发展 [J]. 通信技术与发展，1996 (1): 3-14.

[2]　卢军 . 移动通信发展的现状及未来趋势 [J]. 信息通信，2005 (3): 12-16.

[3]　杨鹏，李波 . LTE 的关键技术及其标准演进 [J]. 电信网技术，2009(1):40-42.

[4]　IMT-2020(5G) 推进组 . 5G 愿景与需求白皮书 [R]. 北京：IMT-2020(5G) 推进组，2014.

[5]　ITU-R. Report M.2083-0, IMT Vision - Framework and overall objectives of the future development of IMT for 2020 and beyond [R].ITU, 2015.

[6]　3GPP, TR 22.891. Feasibility study on new services and markets technology enablers [R]. 2015.

[7]　IMT-2020(5G) 推进组 . 5G 概念白皮书 [R]. 北京：IMT-2020(5G) 推进组，2015.

[8]　CHEN S Z, ZHAO J. The requirements, challenges and technologies for 5G of terrestrial mobile telecommunication，IEEE Communications Magazine[J]. 2014, 52(5):36-43.

[9]　NGMN Alliance. NGMN 5G white paper [R]. 2015.

[10]　舒文琼 . SDN/NFV 落地开花规模商用需破解 "烟囱式" 网络难题 [J]. 通信世界，2017, (6):51-52.

[11]　Feamster N, Rexford J, Zegura E. The road to SDN: an intellectual history of programmable networks[M]. ACM, 2014.

[12]　Vilchez J S, Yahia I B, Crespi N, et al. Softwarized 5G networks resiliency with self-healing[A]. // 2014 1st International Conference on 5G for Ubiquitous Connectivity (5GU) [C]. Akaslompolo: IEEE, 2015:229-233.

[13]　5G PPP. The 5G infrastructure public private partnership: The next generation of communication networks and services [R]. 2015.

[14]　4G Americas. 4G Americas' recommendations on 5G requirements and solutions [R]. 2014.

[15]　ITU-R. ITU Towards IMT for 2020 and beyond [EB/OL].

[16]　Vodafone. Overview of potential 5G study item [R]. 2014.

[17]　Yang M, Li Y, Jin D, et al. OpenRAN:a software-defined ran architecture via virtualization[A]. // Acm Sigcomm Conference on Sigcomm [C]. New York: ACM, 2013:549-550.

[18]　Jin X, Li L E, Vanbever L, et al. Soft Cell:scalable and flexible cellular core network architecture[A]. // Proceedings of the ninth ACM conference on emerging networking experiments and technologies [C]. California:

ACM, 2013:163-174.

[19] Chen S Z, Qin F, Hu B, et al. User-centric ultra-dense networks for 5G: challenges, methodologies, and directions[J]. IEEE Wireless Communications, 2016, 23(2):78-85.

[20] Ali-Ahmad H, Cicconetti C, OlivaA D L, et al. An SDN-based network architecture for extremely dense wireless networks[A]. // 2013 IEEE SDN for Future Networks and Services (SDN4FNS) [C]. Trento: IEEE, 2013: 1-7.

[21] Wang H C, Chen S Z, Xu H, et al. SoftNet: A software defined decentralized mobile network architecture toward 5G [J]. Network IEEE, 2015, 29(2):16-22.

[22] Akyildiz I F, Wang P, Lin S C.Softair: A software defined networking architecture for 5G wireless systems [J]. Computer Networks, 2015, 85: 1-18.

[23] Yang M, Li Y, Li B, et al. Service-oriented 5G network architecture: an end-to-end software defining approach[J]. International Journal of Communication Systems, 2016, 29(10):1645-1657.

[24] Rost P, Banchs A, Berberana I, et al. Mobile network architecture evolution toward 5G[J]. IEEE Communications Magazine, 2016, 54(5):84-91.

[25] Zhang H, Liu N, Chu X, et al. Network slicing based 5G and future mobile networks: mobility, resource management, and challenges[J]. IEEE Communications Magazine, 2017, 55(8):138-145.

[26] Bradai A, Singh K, Ahmed T, et al. Cellular software defined networking: a framework[J]. IEEE Communications Magazine, 2015, 53(6):36-43.

[27] S2-153703. Feasibility study on architecture for next generation network system [R]. 3GPP SA2 WG, 2015.

[28] S2-167232. Proposed WID for phase 1 of next generation system [R]. 3GPP SA2 WG, 2016.

[29] IMT-2020(5G) 推进组 . 5G 无线技术架构白皮书 [R]. 2014.

[30]　陈山枝 . 发展 5G 的分析与建议 [J]. 电信科学，2016, 32(7):1-10.

[31]　Chen S, Wang Y, Qin F, et al. LTE-HI: A new solution to future wireless mobile broadband challenges and requirements[J]. IEEE Wireless Communications, 2014, 21(3):70-78.

[32]　Chen S Z, Sun S H, Gao Q B, et al. Adaptive beamforming in TDD-Based mobile communication systems: State of the Art and 5G research directions[J]. IEEE Wireless Communications Magazine, 2016, 6(23):81-87.

[33]　尤肖虎，潘志文，高西奇，等 . 5G 移动通信发展趋势与若干关键技术 [J]. 中国科学：信息科学，2014, 44(5):551-563.

[34]　Chen S Z, Ren B, Gao Q B, et al. Pattern division multiple access (PDMA)-A novel non-orthogonal multiple access for Fifth-generation radio networks, IEEE Transactions on Vehicular Technology[J]. 2017,66(4):3185-3196.

[35]　DAI X M, CHEN S Z, et. al. Successive interference cancelation amenable multiple access (SAMA) for future wireless communications[A]. 2014 IEEE International Conference on Communication Systems (ICCS)[C]. IEEE, 2014: 222-226.

[36]　IMT.Trend from ITU-R WP5D [EB/OL].

[37]　ZHU M, GUO Q, BAI B, et al. Reliability-based joint detection-decoding algorithm for nonbinary LDPC-Coded Modulation Systems[J]. IEEE Transactions on Communications, 2016, 64(1):2-14.

[38]　Tian K, Liu R, Wang R. Joint successive cancellation decoding for Bit-interleaved polar coded modulation[J]. IEEE Communications Letters, 2016, 20(2):224-227.

[39]　IEEE. IEEE standard for information technology-telecommunications and information exchange between systems-local and metropolitan area

networks-specific requirements; part 11: wireless LAN medium access control (MAC) and physical layer (PHY) specifications[S]. 2012.

[40] 陈山枝，胡金玲，时岩，赵丽. LTE-V2X 车联网技术、标准与应用 [J]. 电信科学，2018, 34(4): 1-11.

[41] 陈山枝，等. 车联网技术、标准与产业发展态势前沿报告 [R]. 中国通信学会. 2018.

[42] 5GAA. The Case for Cellular V2X for Safety and Cooperative Driving. 2016.

[43] 5GAA. The C-V2X Proposition[R]. 2018.

[44] 3GPP, TR 36.885, Study on LTE-based V2X Services[R]. 2016.

[45] 3GPP, TS 36.213. Physical Layer Procedures[S].

[46] 3GPP, TS 36.321. Medium Access Control (MAC) protocol specification[S].

[47] 3GPP, TS 36.331. Radio Resource Control (RRC)[S].

[48] 3GPP, TR22.886. Study on enhancement of 3GPP support for 5G V2X services[R]. 2018.

[49] 刘晓峰，孙韶辉，杜忠达，等. 5G 无线系统设计与国际标准 [M]. 北京：人民邮电出版社，2019.

[50] 3GPP, RP-181480. New SID: Study on NR V2X[R]. RAN#80 meeting, 2018.6.

[51] 3GPP, RP-190766. New WID on 5G V2X with NR sidelink[R]. RAN #83 meeting, 2019.

[52] 3GPP, TS 23.501. System Architecture for the 5G System [S].

[53] ETSI.GS MEC-IEG 004. Mobile-Edge Computing (MEC). Service Scenarios [S].

第 2 章

5G 移动性管理的新需求和新挑战

未来 5G 网络将构建以用户为中心的全方位信息生态系统，以人为中心的通信与机器类通信共存，支持具有差异化特征的业务应用，能够为用户提供海量终端连接，支持超高用户密度、超高数据速率、超低时延、超高运动速度等。因此，5G 网络中的移动性管理的目标是，任何人和物在任何时间、任何地点可以与任何人和物实现信息通信。5G 各种新型应用场景及新技术的引入，都为 5G 网络中的移动性管理带来了新的需求和挑战。

| 2.1　新应用场景的移动性管理需求 |

移动性管理是移动通信网络的本质特征，是保证移动用户的业务可达和通信连续的关键控制技术 [1]。因此面向 5G 的新型移动性管理是 5G 网络中不可分割的部分，同时也是满足未来 5G 核心指标的关键技术之一。

在未来多样化的通信场景中，不同类型的用户或业务对移动性管理存在不同的需求，如在 5G 三大业务场景中，高速铁路和飞机环境下的宽带接入场景要求高速移动性支持；固定无线宽带接入要求支持游牧接入的移动性；物联网场景中的静态传感器节点则只要求针对静止终端的移动性支持。另一方面，移动性管理的实现架构和技术思想对网络运行效率有着重要影响，传统移动通信网络仅提供单一的集中式移动性管理，在服务未来多样化移动通信场景时，难以保证系统的运行效率和资源利用率，如超密集网络部署场景。因此未来移动通信网络应能够根据具体通信场景的特点进行按需的移动性管理，实现移动性管理的需求驱动和按需定制。

2.1.1　超密集组网（UDN）的移动性管理

UDN 是解决未来 5G 网络数据流量爆炸式增长的有效解决方案。通过在热点区域密集部署大量无线接入点，可以大大提高频谱资源的空间复用率，从而有效提高 5G 网络的系统容量 [2]。UDN 可以应用在办公室、公寓等室内密集部署场景和密集街区、大型集会、密集住宅、体育场室外热点区域以及地铁等特殊场景。

在宏基站覆盖的区域中，各种无线接入技术的小功率基站部署密度将达到现有站点密度的 10 倍以上，形成超密集的异构网络 [3]，如图 2-1 所示。根据覆盖范围的不同，小区类型又可以分成宏基站覆盖小区、微基站覆盖小区、毫微微基站覆盖小区和家庭小区等。小区微型化和部署密集化将极大地提升频谱效率和接入网系统容量，从而提高用户体验。但是，UDN 中局部热点区域容量数量级提升、小区结构的微型化和密集化、网络架构层级多的特点，带来了网络拓扑复杂、邻区干扰严重、小区切换频繁等问题与挑战，从而影响系统效率和用户体验 [4-5]。尤其在宏基站和微基站混合的无线网络中，用户设备的移动性更加复杂，容易导致在异构网络中发生无线链路失败，产生切换失败和连接中断 [6]。

相应的，为了满足不同应用场景的需求，并解决 UDN 由于密集重叠、异构覆盖带来的节点间干扰严重、移动切换频繁、超高流量业务回传成本高、组网站址获取难度大等问题，产业界和学术界已经从网络架构层面以及灵活部署、干扰管理与抑制、虚拟小区、接入和回传联合设计、网络智能化与节能等关键技术方向开展研究。其中，在网络架构设计和关键技术研究中，采用了"去中心化"的思想，实现网络本地化与扁平化，便于实现的虚拟化与云化；同时采用"以用户为中心"的思想 [7]，以更贴近用户和应用的方式为之提供需要的服务，提升网络效率和用户体验。

以上述背景为基础，5G UDN 中的移动性管理面临以下挑战 [5,7-9]。

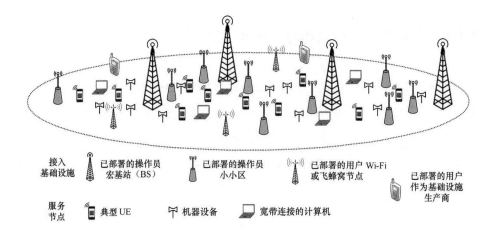

接入基础设施　📡 已部署的操作员宏基站（BS）　📡 已部署的操作员小小区　📡 已部署的用户 Wi-Fi 或飞蜂窝节点　📱 已部署的用户作为基础设施生产商

服务节点　📱 典型 UE　📡 机器设备　💻 宽带连接的计算机

图 2-1　超密集网络部署场景 [3]

（1）分布式移动性管理：UDN 是一个多层、多无线接入的网络，网络功能通常在多个层次间分层部署。UDN 中的移动性管理架构面临从集中式到更加扁平、灵活的分布式架构的演进。

（2）以用户为中心的移动性管理：UDN 中接入点数量大，覆盖范围有差异、有重叠。用户也由于移动性速度的不同、移动范围的大小、常访问区域的差别呈现出差异性的移动性特征与规律。设计以用户为中心的、适应用户移动行为的移动性管理技术，是实现移动性管理优化的重要途径。

（3）位置管理：传统蜂窝网络中的位置区域是静态划分和配置的，而在去中心化、以用户为中心的 UUDN 中，位置区域的边界变得模糊。此时的位置管理需要从传统的静态配置转变为动态协作。

（4）切换控制：传统蜂窝网络中，用户移动时会从一个小区切换到另一个小区，这在 UDN 的环境中将导致切换频繁、乒乓切换、切换信令开销大等问题，严重影响系统效率和用户服务质量。另外，由于 UDN 中不规则的覆盖和复杂的 AP（Access Point）相邻关系，切换控制将变得复杂、困难。考虑 UUDN 中"以用户为中心"的思想，切换控制也需能"跟随"用户的移动。

（5）移动性管理应该与 UDN 中的资源管理和干扰控制进行协同优化，在提供移动性支持能力的同时，满足用户高数据速率的需求。

2.1.2　海量物联网终端的移动性管理

物联网是新一代信息技术的组成部分，也是信息化时代的重要发展阶段。它集成了多种感知、通信与计算技术，不仅使人与人之间的交流变得更加便捷，而且使人与物、物与物之间的交流变成可能，最终使人类社会、信息空间和物理世界融为一体[10]。物联网的核心和基础仍然是互联网，是在互联网基础上的延伸和扩展。物联网的用途非常广泛，可应用于智能交通、智能家居、健康监测、环境监控、物流管理、智能电网等多个领域，给人们带来更加安全和舒适的生活，并且能够提高生产效率，提升社会经济发展水平。

物联网强调互联网连接的所有对象（包括人和机器）都拥有唯一的地址，并能够通过有线和无线网络发送和接收数据[11]。因此，在物联网的发展中，海量终端间的通信能力是不可或缺的重要组成部分。在 5G 的应用场景和技术指标定义中，都将支持海量机器类通信作为重要需求。5G 网络将成为物联网的重要赋能技术，实现真正的万物互联。

物联网的蓬勃发展和多样化应用对 5G 网络的通信能力提出了新的需求和挑战。5G 网络需要能够同时支持海量连接（每平方千米百万连接）上的万物互联，承载由此带来的大量网络信令和数据量负荷，提供更高速率、更短时延、更大规模和更低功耗的通信能力，并且能保证终端之间通信的实时性和可靠性。同时，网络中将同时存在各种各样需求迥异、业务特征差异巨大的业务应用，即要求 5G 网络能够同时支持各种各样差异化的业务[12]。对于智能家居、智能电网、环境监测、智能农业和智能抄表等业务，需要网络支持海量设备连接和大量小数据包频发；视频监控和移动医疗等业务对传输速率提出了很高的要求；车联网和工业控制等业务则要求毫秒级的时延和接近 100% 的可靠性。另外，大量物联网设备会部署在山区、森林、水域等偏远地区以及室内角落、地下室、隧道等信号难以覆盖的区域，因此要求移动通信网络的覆盖能力进一步增强。为了渗透到更多的物联网业务中，5G 应具备更强的灵活性和可扩展性，以适应海

量的设备连接和多样化的用户需求[13]。

海量物联网终端为移动性管理也提出了新的挑战[14]，原因如下。

（1）物联网应用种类繁多，各类业务的 QoS 要求各异，部分业务如智能交通、远程医疗、远程目标监控等信息的传输时延及可靠性均提出较高要求。

（2）终端移动和群组建模也更为复杂。物联网的多样化应用中，异构终端的移动性强度不同[15]。除了终端独立移动外，还存在大量终端群组移动场景，如智能交通、智能家居等部署在交通工具内的各类终端，以及在家居设备上的传感器节点等。

（3）现有移动性管理中的切换触发、切换判决和接入网络选择机制等主要针对蜂窝网络、WLAN 等典型接入网络融合场景设计。虽有研究对特定物联网应用提出了终端切换机制或切换性能改进方案，但如何针对不同应用场景的具体应用特性及终端功能特征，同时考虑物联网终端移动特性及应用特定的 QoS 需求的移动性管理方案尚且缺乏。

海量物联网终端的移动性管理需求包括[16]以下几点。

（1）低移动性物联网终端的移动性管理。部分物联网应用中，存在不移动的 MTC（Machine Type Communication）设备，或者不频繁移动的 MTC 设备，或者只在限定区域内移动的 MTC 设备。相应地，需要减少移动性管理过程的频率，或是简化MTC设备的移动性管理过程，以及能够定义MTC设备执行的位置更新的频率。

（2）面向群组的物联网终端移动性管理。物联网的机器通信中具有组管理特性，同一个用户的多个 MTC 设备可以被划分为一个组，网络可以对整个组统一配置参数，这些参数应用于该组的所有 MTC 设备。这种优化以群组为粒度，可减少冗余的信令，以避免网络拥塞。同时，当 MTC 设备的数量很大时，使用基于群组的优化，可以节省网络资源。基于群组的优化可以包括很多种优化方式，如基于群组的计费、群组的寻址以节省信令等。另外，面向群组的移动性管理的目的是保持通信的连续性，其中，位置管理与切换控制是移动性管理技术的两个重要方面。以群组为管理粒度进行移动性管理，以便减小网络侧信令的开销，避免网络侧的信令拥塞[17]。

2.1.3 终端直通的移动性管理

终端直通（D2D，Device-to-Device）是指邻近的终端通过直通链路进行直接数据传输，不需要通过任何网络基础设施节点进行转发。这种短距离直接通信能够提供高数据速率、低时延的通信能力，降低终端功耗，实现频谱资源的高效利用，并提供更加灵活的终端间信息交互方式。D2D 的这些优势使得 3GPP 将 D2D 技术列为新一代移动通信系统发展框架，成为 5G 的关键技术之一。

图 2-2 所示为不同的 D2D 通信场景 [18]，包括：利用 D2D 实现中继传输以扩展通信覆盖或改善小区边缘用户的服务质量，实现蜂窝流量卸载以降低核心网的压力，实现内容 / 信息分发以提高内容分发效率，以及实现临近用户的互动游戏以获得更佳的游戏体验。以此为基础，目前已经出现了基于 D2D 的多种新型应用 [19]，例如，天气预报、商家打折信息等可先通过基站发给部分用户（也被称为"种子用户"），然后种子用户利用 D2D 通信再将信息广播给更多的目标客户；基于 D2D 的本地多播，实现朋友或家人之间交换照片、视频等近距离的社交应用；发生地震、飓风和火灾等灾难事件导致蜂窝通信系统的基础设施受到破坏时，允许邻近终端通过 D2D 通信保证用户间的正常信息交互，从而提高移动通信系统的顽健性。除此之外，3GPP 也在 D2D 技术的基础上扩展了用于车辆间直通通信的 V2V（Vehicle-to-Vehicle）通信技术——C-V2X[20]，为网联汽车及智能驾驶提供信息交互的重要途径。

D2D 通信中的主要关键技术包括 [19] 以下几点。

（1）D2D 邻居发现：指一个 D2D 用户在通信连接建立之前识别附近用户的过程。为了实现设备的互相发现，需要满足时间、空间、频率等条件要求，因此导致额外的开销并降低系统效率 [21]。根据用户是否愿意被发现，可以分为限制性发现和开放式发现 [19]。为了避免用户被不相干的人或不感兴趣的事情打扰，如果用户没有许可，在限制性发现模式下是不能被邻居发现的。而开放式发现只要一个用户处在另一个用户的给定范围内就可以发现。与限制性发现相比，这种模式可以增大邻居节点的发现概率。从网络的参与程度角度，则可以分为网络严格控制方式和网络松散控制方式。前者效率高但基站信令开销大，后者可以减轻基站信令开销但发现效率相对较低[19]。另外，对于特定的应用场景，D2D 发现机制应结合特殊需求进行设计。例如，多跳 D2D 场景需要与多跳路由技术相结合；车联网场景则需结合其低时延高可靠性能需求及车辆移动的特殊性。

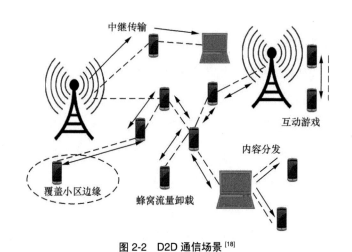

图 2-2　D2D 通信场景 [18]

（2）D2D 通信建立：D2D 邻居节点发现之后，需要建立会话才能稳定地传输数据。文献 [22] 提出两种会话建立机制：① 基于 IP 协议地址检测方式，通过检测报文的源 IP 地址和目的 IP 地址是否是邻居节点来标识 D2D 数据流。② 在会话请求协议（SIP）报文头部某个域中添加特殊字段来区别普通会话和 D2D 会话。

（3）干扰协调：D2D 通信提供更高速率、更低延迟、更低功耗的同时，也给通信网络带来了更加复杂的干扰环境，包括 D2D 用户和蜂窝网用户间的干扰、D2D 用户间的干扰以及不同层小区间的干扰。这使得 D2D 通信中的无线资源分配、干扰协调变得更加复杂且尤为重要。目前的干扰协调方式主要包括：功率控制、先进的数字信号处理技术（如串行干扰消除、MIMO 预编码等技术）和有效的时域、频域与空域资源调度机制。

（4）通信模式选择：根据资源分配方式的不同，D2D 用户可以采用 3 种不同的通信模式：正交模式、复用模式和基站中继模式。正交模式下，D2D 用户使用和普通蜂窝网用户正交的资源（D2D 通信分配专用频谱资源），因此 D2D 用户和蜂窝网用户之间没有干扰，但网络整体频谱资源利用率有所损失。复用模式下，D2D 用户复用蜂窝网用户资源在直通链路上进行通信，可以最大化地提升频谱效率，但会在 D2D 用户与蜂窝网用户间引入干扰。基站中继模式下，D2D 用户回归到传统的蜂窝用户，D2D 用户间利用蜂窝网基站作为中继进行通信，适用于 D2D 通信链路变差或 D2D 通信不能建立的场景。3 种通信模式在资源利用效率、干扰、QoS 保障、系统复杂度等方面各有优劣，现有通信模式选择算法研究中主要考虑用户位置、距离（D2D 用户间的距离和 D2D 用户到基站的距离）、信道状态等因素。

D2D 通信中存在多样化的移动性场景，单个 D2D 终端的移动、多个 D2D 终端同时发生移动、当 D2D 链路不可用需要切换到 D2I（Device-to-Infrastructure）通信等不同场景 [23] 下，都需要移动性管理技术提供对无缝移动性的支持。相应地，D2D 中的移动性管理面临的挑战包括以下几点。

（1）基于移动性特征分析的 D2D 技术

D2D 设备是由移动用户（人类）携带的。因此，人类移动的特性和规律对于评价和优化 D2D 性能具有重要意义 [24]。而基于蜂窝网络、Wi-Fi、蓝牙等技术收集的真实移动大数据为利用人类移动性特征进行网络技术优化设计提供了可能。尤其是，"社会性"特征用于描述用户之间的交互行为，在真实移动数据集中，常常用"用户相遇""用户在一定距离范围内""用户在可直接通信范围内"等信息描述社会性。常见的特征有节点连接时间、节点连接间隔时间、节点连接频率等，并可以以此为基础，进一步定义节点重要性、挖掘社团结构等。这些特征所描述的属性，与 D2D 通信所需要的直通通信相吻合，因此可以用于 D2D 通信中设备发现、模式选择、资源分配、干扰管理等技术的优化，提升系

统性能 [25-27]。

（2）D2D 切换

D2D 切换技术需要在支持 D2D 通信连续性的同时，降低时延和开销 [28]。D2D 用户经常会在小区边缘发生邻区切换，如果终端按照蜂窝网络传统方式执行切换，将会导致时延大、资源浪费、D2D 通信中断等问题 [29]。在有多个基站涉及的 D2D 通信时，如果基站之间存在非理想回路，将意味着带来额外的时延，无法满足时延敏感的 D2D 业务性能。另外，还由于需要在不同的控制节点（基站）之间进行必要的信息交互，从而导致额外的信令开销 [30]，因此，需要为 D2D 通信用户设计高效的切换决策与切换实施方法。另外，对于位于蜂窝覆盖范围外、标准切换不可用的 D2D 终端，也需要设计高效可行的切换机制 [31]。

（3）通信模式切换

D2D 通信中可能出现的通信模式切换非常多样化。例如，用户可能会在 D2D 模式与蜂窝模式间切换、基于蜂窝网络的 D2D 与基于其他网络（如 WLAN、Ad-Hoc）的 D2D 通信模式间切换、单跳 D2D 通信与多跳 D2D 通信间切换、授权频谱 D2D 与 LTE-U D2D 通信的切换等。此时，要求先进的通信模式切换能够最大化无线通信系统性能，并为用户提供 QoS 保证。

2.1.4　异构接入与多连接的移动性管理

ITM-2020(5G) 推进组发布的白皮书指出 [32]，5G 是一个泛技术的时代，无线接入网（RAN，Radio Access Network）由多无线接入技术（Multi-RAT，Multiple Radio Access Technology）的"互补互通"构成，通过技术的演进和创新，满足未来包含广泛数据和连接的各种业务的快速发展需求。

5G 无线接入呈现明显的多样化特征。传统的宏蜂窝提供广域覆盖；超密集组网通过更加"密集化"的基站等部署，单个小区的覆盖范围大大缩小，以获得更高的频率复用效率，从而在局部热点区域提升系统容量到达百倍量级；移动中继可以突破车厢等封闭环境的穿透损耗、扩大覆盖、提供临时的热点接入能力。除了蜂窝系统的这些接入技术之外，无线局域网系统（WLAN，Wireless Local Area Networks）、卫星通信和广播系统等，也将作为可选的用户无线接入技术。尽管存在上述多样化的无线接入技术，每一个单独的技术都无法满足随着时间和位置变化的容量、覆盖、时延等多方面的需求。多接入技术之间通过协作与融合实现优势互补，才能更好地满足用户多样化的需求。可见，异构接入并存与融合将是 5G 系统的明显特征。

多连接技术是指移动终端能同时保持与多个无线接入网络的连接。一方面来自上述异构接入并存的特征，另一方面来自终端技术的进步，使得终端拥有异构网络接口，同时与多个频段、多个制式的无线网络保持连接成为可能。通过多个网络连接之间的协同工作，能够达到提高网络连接的可靠性、提高网络资源的利用效率、容错、负载分担、带宽聚合等多方面的优势，为移动用户提高通信的灵活性和更好的连通性。国际标准化组织 IETF、ITU-T 和 3GPP 分别从自己所重点关注的领域进行了多连接相关的研究并在一定程度上互相借鉴。

5G 系统接入技术的多样性和异构性为高效移动性管理带来了巨大的挑战，主要包括以下几点。

（1）异构接入技术间的垂直切换

切换是移动性管理中的重要功能之一，在异构接入技术间的切换称为垂直切换。上述异构无线接入技术在频谱资源、组网方式、覆盖范围、用户行为、业务类型及数据流特征等方面存在明显差异。相应地，切换的 3 个重要控制功能，即切换准则、切换控制方式、切换时的资源分配，也面临更多的挑战。尤其是在面临多层小区环境时，垂直切换与频繁切换、乒乓切换、切换信令开销大等问题交织在一起，严重影响系统效率和用户服务质量，这也是 5G 系统垂直切换中的研究热点。

（2）多连接场景的移动性管理

多连接场景的移动性管理面临着协议、控制机制等多方面的挑战。传统

的移动性管理协议基本不支持多连接特性，现有的切换控制等机制也需要从网络接口级向更细粒度的数据流级演进。另外，针对不同接入技术间的差异进行对应的处理、移动性管理的控制主体以网络还是用户为主、在哪个协议层及如何实现数据流的动态拆分与聚合等，都是多连接场景移动性管理面临的挑战。

2.1.5　无人机基站和卫星基站

随着无人机（UAV，Unmanned Aerial Vehicle）技术的发展，利用无人机机载基站提供无人机蜂窝覆盖逐渐成为未来无线通信的创新应用。卫星接入具有广域覆盖的优势，卫星基站适用于偏远地区以及海上和空中用户的接入，地面基站在人口密集地区和室内等具有优势，实现不同无线接入方式的星地融合无线异构网络。

无人机的灵活性使其在通信领域的应用前景广泛，利用无人机机载基站在空中提供网络接入点，不仅可以解决应急通信中快速恢复通信链路的问题，也可以在网络热点区域灵活部署额外容量的接入点，如为演出场馆或体育场馆提供分流或卸载功能。另外，未来移动通信网络展现出异构、多层网络共存的趋势，利用卫星基站和无人机静态或动态组网为地面终端提供接入，可实现除了地面宏基站、小基站、地面移动自组网或终端直通技术以外的又一层灵活部署的接入网。

在 5G 网络中，地面终端可以选择通过地面基站接入核心网，或者通过无人机或卫星提供的回程链路接入核心网。在卫星通信链路中，卫星信号通过地面信关站处理、转发接入核心网。在无人机层，无人机可利用无线回程链路接入卫星，进而利用现有的卫星回程链路接入核心网，或者无人机层可通过无线链路直接与地面站通信，进而接入核心网。另外，无人机层还可以通过地面基站接入核心网，这种接入方式取决于具体应用场景，如地面基站拥塞时，可以利用无人机进行流量调度，通过相邻基站实现回程链路，达到相邻宏基站负载均衡的目的。如果地面基站没有发生拥塞现象，利用无人机基站对地面蜂窝补盲或为地面蜂窝边缘用户提供更好的接入性能，可以选择通过本地宏基站的回程链路接入核心网。支持无人机基站的网络架构如图 2-3 所示。

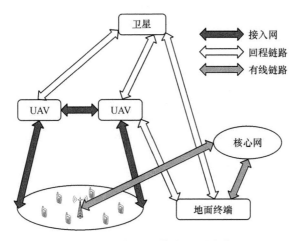

图 2-3　支持无人机基站的网络架构

在 5G 网络中，无人机可以作为空中用户，正常通信并执行特定任务。同时，无人机可搭载通信设备作为空中基站为地面用户或设备提供通信服务。作为空中基站，无人机在临时热点区域可增加网络容量、调整通信流量负载；作为空中中继站，无人机可扩大通信距离，增强网络互联互通能力。无人机基站可直接与相邻的地面基站建立回程链路，也可以与空中卫星建立回程链路，再由卫星与地面基站建立通信链路。

由于无人机基站具有高度机动性，给网络移动性管理带来多方面的挑战，无人机基站的移动也引发了新的移动性管理问题。首先，无人机基站与多个蜂窝小区间重叠覆盖，可能会带来同频或异频干扰，影响用户通信质量。需要设计合理的频谱分配策略，在保证频谱利用率的同时减少干扰。其次，无人机基站的移动可能会在地面基站之间发生频繁切换，导致回程链路反复重建，影响通信链路的稳定性。需要对无人机基站的运动做好路径规划，并设计合理的切换策略，降低切换次数，保证移动切换性能。最后，无人机基站与卫星连接会导致通信时延增大，影响用户业务体验。需要优化回程链路选择方式，保证用户通信质量和连续性。

随着卫星通信技术的发展，以星间链路（ISL，Inter Satellite Link）和星上

处理技术（OBP，On-Board Processing）为特征的下一代卫星通信网络可以独立于地面网络。这种网络结构弱化了对地面网络的要求，把处理、交换、网络控制等功能放在星上完成，提高系统的抗毁能力。把卫星通信网与地面通信网通过信息或业务融合、设备综合或网络互通方式构成天地一体化信息网络，可以实现任何人在任何时间、任何地点可与任何人进行任何业务通信或者相关物体进行信息联系 [33]，来满足和弥补地面接入网络技术的不足。

在以无人机／卫星为基站的 5G 网络中，移动管理技术面临新的挑战。由于卫星网络和无人机网络与蜂窝网、互联网的融合，用户与网络之间的相对运动造成用户在网络中的接入点位置和接入信道的不断变化。在地面移动系统中，只有用户终端移动而基站保持不动。在无人机／卫星为基站的网络中，用户终端和卫星基站都不停地运动，考虑到网络全球覆盖和未来可能的巨大用户群数量，需要有针对性地研究位置管理和大规模频繁切换等问题。

| 2.2　新技术带来的移动性管理需求 |

5G 网络中引入了 SDN/NFV、网络切片、移动边缘计算（MEC）等新的技术，也为移动性管理带来了新的需求。

2.2.1　SDN/NFV 带来的移动性管理需求

如 1.3.2 节所述，5G 引入了 SDN/NFV 的技术思想，将基于 SDN 和功能重构的技术设计新型网络架构，提高网络面向 5G 复杂场景下的整体接入性能；基于 NFV 按需编排网络资源，实现网络切片和灵活部署，满足端到端的业务体验和高效的网络运营需求。

相应地，5G 网络中引入 SDN/NFV 的技术思想，为移动性管理带来了新的需求。

（1）基于 SDN/NFV 的移动性管理架构。引入 SDN/NFV 技术思想后，移动性管理的架构设计也需符合控制面与用户面分离的思想。此时，移动性管理中相关的网络实体、控制功能如何设计、如何部署、相互间的接口如何设计，都是基于 SDN/NFV 的移动性管理架构设计中需要解决的问题，从而实现开放、灵活、动态、智能的移动性管理架构。

（2）移动性管理功能的灵活定制。在开放、灵活的新型移动性管理架构下，只有进一步实现移动性管理功能的灵活定制，才能真正满足多样化、个性化的移动性需求，包括如何实现移动性管理功能的模块化和重构、如何实现移动性管理功能的按需定制和动态分布、如何实现匹配移动性规律和需求的移动性管理策略等。

（3）基于 SDN/NFV 的移动性管理控制功能，移动性管理中的切换控制、位置管理、路由优化等关键控制功能，均需根据控制与转发分离的思想拆分、重组和适配功能模块。

2.2.2　网络切片对移动性管理的需求和挑战

5G 网络中存在多样化的通信场景，为了更好地满足不同场景下的用户或业务需求，5G 网络引入了网络切片技术。网络切片技术可以将网络的硬件资源虚拟化，然后基于不同的业务需求对虚拟化网络资源进行按需重组，形成相互隔离的多个逻辑网络，为不同业务场景提供高效的网络服务。

在 3GPP 定义的 5G 标准规范中，网络切片主要通过 5G 业务场景类型（包括 eMBB、mIoT、URLLC 和 V2X）来区分，因此存在 4 种标准化的网络切片类型 [16]。在标准化网络切片类型下，运营商可以根据行业用户的需求和自身运营的需要定义更细粒度的网络切片。由此可见，5G 网络中存在多种多样的网络切片，这对 5G 移动性管理提出了新的需求和挑战。

（1）网络切片对移动性管理的要求

在支持网络切片的 5G 网络中，需要考虑网络切片的引入对移动性管理功能提出的新要求，包括基于终端移动性的网络切片选择、网络切片内对终端的二

次鉴权、基于移动性管理需求的网络切片重定向等。

（2）终端移动性特征的动态感知

5G 多样化场景中存在各种移动性终端，包括静止终端、游牧接入终端、高速移动终端等。因此，5G 网络中需创建不同移动性管理能力的网络切片来满足各场景下终端的移动性管理需求。

为了实现移动性管理需求和网络切片内移动性管理能力的匹配，5G 网络需感知通信场景中终端的移动性特征，具体包括终端移动性信息的收集和分析、终端移动性特征的描述等。

（3）网络切片内差异化移动性管理机制定制

5G 网络使用不同类型的网络切片服务不同的业务场景，这些业务场景下的终端通常具有不同的移动性特征，因此不同类型网络切片需支持差异化移动性管理机制。此外，相同类型的网络切片可能会服务于不同的垂直行业，如URLLC 网络切片可能服务于工业互联网、远程医疗等多种行业，因此相同类型的网络切片也可能需要支持多种移动性管理机制。

为了在不同网络切片内提供差异化移动性管理，网络切片内移动性管理机制需基于通信场景的特征进行设计，包括终端移动性特征、垂直行业的业务特征等，并基于网络切片的架构进行定制化部署。

2.2.3　MEC 的移动性管理

如 1.3.2 节所述，移动边缘计算（MEC）技术通过将计算、存储与业务服务能力推向网络边缘，实现了应用、服务和内容的本地化、近距离、分布式部署，一定程度上解决了 5G 网络热点高容量、低功耗大连接以及低时延高可靠等技术场景的业务需求，对于实现流量卸载、灵活路由、业务与内容的近距离访问、灵活快速的业务部署、降低回传时延、提升用户体验等具有重要意义。

移动性是移动终端和 MEC 应用所固有的特性，也是 MEC 与传统云计算的重要区别之一。MEC 中的移动场景图如图 2-4 所示 [34]。

图 2-4　MEC 中的移动性管理 [34]

引入 MEC 后，为 5G 网络的移动性管理带来了新的需求。

（1）移动感知的移动边缘计算。移动性是移动终端和 MEC 应用所固有的特性，也是 MEC 与传统云计算的重要区别之一。探索用户的移动性特征规律，并将其应用于边缘计算，如移动感知的计算卸载策略、移动感知的虚拟机迁移、移动感知的迁移路径选择、动态在线任务调度等，是实现 MEC 中高效移动性管理的有效方法。

（2）并发组件应用的虚拟机迁移。在当前 MEC 的移动性管理研究中，虚拟机（VM，Virtual Machine）迁移是研究焦点之一 [35]，主要考虑每个用户设备只有一个计算节点的场景，因此，这里面临的挑战是当应用卸载到多个计算节点时，由于应用组件的并行执行，如何处理这种场景下的 VM 迁移，这项工作更为复杂。

（3）实时应用的虚拟机迁移。虚拟机迁移给回程带来大负载、高延迟，因此不适用于实时应用，亟须发展毫秒级的快速虚拟机迁移新技术。然而，由于计算节点之间的通信时延要求较高，这项工作非常具有挑战性。因此，更现实的挑战是如何利用先进的预测技术（如基于机器学习、深度学习）开发精确的移动性预测模型，从而实现计算任务的预提取（Prefetching），以保证用户的 MEC 服务质量。

（4）分层的计算卸载。移动边缘云中包含三层云资源：远程共有云、本地

边缘云和移动设备之间的自组织云。自组织云的存在类似于 5G 中的 D2D 通信，是提高网络容量，减少蜂窝网络负载的重要方法。但是用户的移动性也会影响 D2D 的卸载速率、时延和可靠性，如何协同利用 D2D 通信和蜂窝网通信的优点来设计感知移动的卸载技术也是一项挑战性工作 [36]。

| 2.3　5G 移动性管理面临的挑战 |

根据以上两节对 5G 移动性管理需求的介绍，可以看出传统移动网络中的移动性管理已经难以满足 5G 网络中的新需求。因此，5G 移动性管理面临如下挑战。

（1）新型移动性管理需求与理论模型

现有移动性管理技术因缺乏统一抽象理论模型而导致功能冗余、系统复杂性高、性能低下；使用简单的随机移动模型，缺乏对移动行为特征和规律的全面深入刻画。

需要提出基于需求驱动的新型移动性管理架构，研究为典型场景提供与之相适应的、高效的移动性管理机制和方法，提升不同移动场景下的用户体验。另外，需要研究移动行为的分析和建模方法，对用户 / 设备的移动行为从时间、空间、社会性等不同维度进行特征定义和规律挖掘，获得对移动行为的全面深刻认识。

（2）新型移动性管理架构

5G 网络中的终端类型和业务需求更加多样化。传统蜂窝网络架构和网元间拓扑关系相对单一且固定，其中，移动性管理架构及功能部署因此被固化，显然无法适应 5G 网络中丰富多样的业务需求和灵活多变的网络拓扑，由此带来信令开销大、数据传输效率低、终端耗电大的问题。因此，如何体现移动性管理架构设计中的需求驱动、非集中式部署、异构融合支持能力和场景感知，是实现开放、灵活、动态、智能的移动性管理架构设计所面临的挑战。

（3）移动性管理功能分级、分布、定制

5G 网络中多样化的移动性管理能力要求实现对移动性管理功能的灵活定制，包括实现移动性管理功能的模块化和按需重组。

一方面，需要研究 5G 通信场景的移动性支持需求的区分标准和分级方法，实现通过对移动性支持需求的级别划分，完成需求级别与移动管理机制的智能匹配。另一方面，还需研究移动性管理功能的模块拆分准则和方法、移动性管理功能模块的重组方法及移动性管理功能的激活方法，实现移动性管理机制的按需定制。

（4）主动适变的移动性管理

5G 网络中丰富的业务场景提出了多样化的、个性化的移动性管理需求。从移动主体上，既有个体移动，也有显示或隐式的群体移动；从移动性等级上，既有高铁 / 高速公路等高速、频繁移动场景，也有行人这样的低速移动，以及类似传感器节点的静态节点。

在这样巨大的移动性需求差异下，现有移动性管理并没有考虑用户 / 设备在移动行为上的特殊性，简单、僵化地做统一处理。而实现主动、适变移动性管理的前提就是在充分认识移动行为规律的基础上实现有效预测，由发生移动影响通信连续性时的被动处理，转变为有效预测移动并完成适应移动性规律的主动处理。如何实现有效的移动性预测是实现主动适变能力所面临的挑战。因此需研究有效的移动性预测方法，兼顾复杂度、准确度、短期预测与长期预测等因素，设计有效的预测方法，为实现主动、适变的移动性管理提供重要基础。

（5）社会性网络带来的移动性管理挑战

大量针对真实移动数据集的研究表明，人类的移动和行为模式不是盲目的和无序的，而是呈现出社会性的特点。基于这种社会性带来的节点之间的相互连接构成的网络称为"社会网络"。在 5G 网络丰富的应用场景中，移动主体除了"人"（移动用户）外，还包括"物"（物联网中的机器通信节点，如车辆）、"服务"（提供给用户的存储或计算能力、业务提供能力等）。因此，社会性网络

为移动性管理技术带来了新的挑战。

结合 5G 车联网、UDN 等场景中节点时空分布和移动性的特殊规律，从微观、宏观时间、空间尺度研究基于社会性的网络时变拓扑建模方法，是首先需要解决的基础理论问题。在此基础上，研究面向社会关系的网络拓扑分析，包括基于社会性的节点重要性度量、社会连接强度度量、社团结构发现与时空演变、网络连通性等，将对 5G 网络中的数据传输、数据卸载技术具有重要意义。同时可以进一步与移动边缘计算相结合，探索通信—计算—存储融合环境中基于移动性和社会性的缓存策略、计算卸载、计算迁移技术方案。

| 2.4 小结 |

5G 网络把构建以用户为中心的全方位信息生态系统作为目标，需要为多样化的场景提供网络服务，其中包括移动性管理。移动性管理是移动通信网络中的关键技术之一，面对 5G 网络中多样化的移动性场景，如超高用户密度、超高数据速率、超低时延、超高运动速度等，5G 网络中移动性管理技术面临着新的需求和挑战。

研究 5G 移动性管理面临的新需求、新挑战是设计 5G 新型移动性管理机制的必要步骤。为了说明 5G 移动性管理技术面临的新需求或新挑战，本章从业务场景和新技术发展两个角度进行分析。首先介绍了 5G 中新出现的应用场景以及新场景下的移动性管理需求或挑战，具体包括 UDN 下的移动性管理、海量物联网场景下的移动性管理、终端直通环境下的移动性管理、异构接入和多连接下的移动性管理以及无人机/卫星基站场景中的移动性管理。本章也分析了 SDN/NFV、MEC 等新技术对 5G 网络的影响，从而提出新技术发展带来的移动性管理需求。基于对需求和挑战的分析，本章最后总结了 5G 新型移动性管理技术本身面临的问题和挑战，并指出未来 5G 移动性管理设计需从理论模型、系统架构、功能分布、运行机理等多个方面进行考虑。

| 参考文献 |

[1]　Chen S Z, Shi Y, Hu B, et al. Mobility-driven networks (MDN): from evolution to visions of mobility management [J]. IEEE Network, 2014, 28(4): 66-73.

[2]　Gotsis A, Stefanatos S, Alexiou A. Ultra Dense Networks: The new wireless frontier for enabling 5G access [J]. IEEE Vehicular Technology Magazine, 2016, 11(2): 71-78.

[3]　尤肖虎，潘志文，高西奇，等 . 5G 移动通信发展趋势与若干关键技术 [J]. 中国科学：信息科学，2014,44(5): 551-563.

[4]　Calabuig D, Barmpounakis S, Gimenez S, et al. Resource and Mobility Management in the Network Layer of 5G Cellular Ultra-Dense Networks[J]. IEEE Communications Magazine, 2017,55(6):162-169.

[5]　Bilen T, Canberk B, Chowdhury K R. Handover Management in Software-Defined Ultra-Dense 5G Networks[J]. IEEE Network, 2017, 31(4):49-55.

[6]　3GPP, TR36.839. Mobility enhancements in heterogeneous networks [R]. 2012.

[7]　Chen S Z, Qin F, Hu B, et al. User-centric ultra-dense networks for 5G: challenges, methodologies and directions[J]. IEEE Wireless Communication Magazine, 2016, 23(2):78-85.

[8]　Chen S Z, Qin F, Hu B, et al. User-Centric Ultra-Dense Networks for 5G[M]. Springer, 2018.

[9]　Tesema F B, Awada A, Viering I, et al. Fast cell select for mobility robustness in intra-frequency 5G ultra dense networks[A]. //2016 IEEE

27th Annual International Symposium on Personal, Indoor, and Mobile Radio Communications (PIMRC)[C]. Valencia, 2016: 1-7.

[10] 陈海明，崔莉，谢开斌. 物联网体系结构与实现方法的比较研究 [J]. 计算机学报，2013,36(1):168-188.

[11] Oxford Dictionaries. Oxford University Press. 2016.

[12] 杨峰义，谢伟良，张建敏，等. 5G 无线网络及关键技术 [M]. 北京：人民邮电出版社，2017.

[13] 周代卫，王正也，周宇，等. 5G 终端业务发展趋势及技术挑战 [J]. 电信网技术，2015(3):64-68.

[14] 柴蓉，冉丽丽，陈前斌. 物联网移动性管理关键技术 [J]. 重庆邮电大学学报，2011,23(6):647-653.

[15] Orsino A, Ometov A, Fodor G, et al. Effects of Heterogeneous Mobility on D2D- and Drone-Assisted Mission-Critical MTC in 5G[J]. IEEE Communications Magazine, 2017, 55(2):79-87.

[16] 3GPP, TS23. 501. System Architecture for the 5G System[S].

[17] Osama A, Ksentini A, Taleb T. Group Paging Optimization For Machine-Type-Communications[A]. //IEEE International Conference on Communications (ICC'15)[C]. London: IEEE, 2015: 6500-6505.

[18] Agiwal. M, Roy A, Saxena N. Next Generation 5G Wireless Networks: A Comprehensive Survey[J]. IEEE Communications Surveys &Tutorials, 2016, 18(3):1617-1655.

[19] 冯大权. D2D 无线资源分配研究 [D]. 电子科技大学博士论文.

[20] Chen S Z, Hu J L, Shi Y, et al. LTE-V: A TD-LTE based V2X solution for future vehicular network[J]. IEEE Internet of things journal, 2016, 3(6):997-1005.

[21] Zou K, Wang M, Yang K, et al. Proximity discovery for device-to-device communications over a cellular network[J]. IEEE Communications Magazine, 2014, 52(6):98-107.

[22] Doppler K, Rinne M, Wijting C, et al. Device-to-device communication as an underlay to LTE-advanced networks[J]. IEEE Communications Magazine, 2009, 47(12):42-49.

[23] YazICI V, Kozat U C, Sunay M O. A new control plane for 5G network architecture with a case study on unified handoff, mobility, and routing management[J]. IEEE Communications Magazine, 2014, 52(11): 76-85.

[24] Orsino A, Gapeyenko M, Samuylov A, et al. Direct Connection on the Move: Characterization of User Mobility in Cellular-Assisted D2D Systems[J]. IEEE Vehicular Technology Magazine, 2016,11(3):38-48.

[25] Li Y, Wu T, Hui P, et al. Social-Aware D2D Communications: Qualitative Insights and Quantitative Analysis[J]. IEEE Communications Magazine, 2014,52(6):150-158.

[26] Zhang B T, Li Y, Jin D P, et al. Network science approach for device discovery in mobile device-to-device communications[J]. IEEE Transactions on Vehicular Technology, 2016, 65(7):5665-5679.

[27] Li Y, Song C M, Jin D P, et al. A dynamic graph optimization framework for multihop device-to-device communication underlaying cellular networks[J]. IEEE Wireless Communications, 2014,21(5):52-61.

[28] Barua S, Braun R. A novel approach of mobility management for the D2D communications in 5G mobile cellular network system[A]. //Network Operations & Management Symposium[C]. Kanazawa: IEEE, 2016:1-4.

[29] Chen H Y, Shih M J, Wei H Y. Handover mechanism for device-to-device communication[A]. //Standards for Communications & Networking[C]. Tokyo: IEEE, 2015:72-77.

[30] Yilmaz O N C, Li Z, Valkealahti K, et al. Smart Mobility Management for D2D Communications in 5G Networks[A]. //Wireless Communications & Networking Conference Workshops[C]. Istanbul: IEEE, 2014.

[31] Manolakis K, Xu W. Sidelink-assisted handover for cellular network[A]. //4th International Workshop on Smart Vehicles[C]. Macau:IEEE 2017.

[32] ITM-2020(5G) 推进组 . 5G 愿景与需求白皮书 [R]. 2014.

[33] 闵士权 . 再论我国天地一体化综合信息网络构想 [A]. // 卫星通信学术年会 [C]. 北京：中国通信学会，2016.

[34] Mao Y, You C, Zhang J, et al. A Survey on Mobile edge computing Perspective[J]. IEEE Communications Surveys & Tutorials 2017,19(4): 2322-2358.

[35] Hu B, Chen S Z, Chen J Y, et al. A mobility-oriented scheme for virtual machine migration in cloud data center network[J]. IEEE Access, 2016,4: 8327-8337.

[36] Cui Y, Song J, Ren K, et al. Software Defined Cooperative Offloading for Mobile Cloudlets[J]. IEEE/ACM Transactions on Networking, 2017, 25(3):1746-1760.

第 3 章

5G 新型移动性管理技术

移动性管理是移动通信网络中的关键技术之一，用于向移动用户保证网络服务。传统移动通信网络中的移动性管理技术包括位置管理和切换管理，其中，位置管理主要用于跟踪用户的位置信息，保证上下行业务的可达；切换管理主要用于在用户移动时，保证终端的业务连续性和用户的业务体验。然而传统的移动通信网络主要服务于以人为中心的通信业务，服务的通信场景较为单一，采用的是相对单一的移动性管理机制。5G 时代存在多样化的通信场景，各种通信场景对移动性管理存在差异化的需求，因此，5G 中的移动性管理将呈现新的挑战。

本章介绍 5G 网络中的新型移动性管理技术，并通过与 4G LTE 网络的比较，阐述 5G 中移动性管理技术的新特征。

|3.1 移动性管理概述|

移动性是指移动目标（用户或终端）在网络覆盖范围内移动时，能够从网络持续获得通信服务的特性。因此，移动通信网络中的移动性管理的主要目的在于，在终端移动时，保证终端上业务的可达性和通信的连续性，使得系统能够及时、连续、高效地提供服务，用户的通信和业务访问不受物理位置和无线接入网络变化的影响。由此可见，移动性管理是移动通信网络的本质特征，是保证移动用户的业务可达和通信连续的关键技术。

3.1.1 传统移动通信网络中的移动性管理

传统的移动性管理基本功能主要包括位置管理和切换管理。位置管理主要由位置注册、位置更新以及网络寻呼组成，切换管理主要由信号测量、切换判断和切换执行 3 个部分组成 [1]。随着移动通信网络的发展，为了提高移动通信的效率和安全性，文献 [2] 进一步提出，移动性管理还应当包括身份与标识管理、安全管理等，如图 3-1 所示。身份与标识管理主要包括根据终端注册到网络时提供的身份标识执行签约信息检查、在通过签约检查后为终端分配临时标识，以及为终端分配 IP 地址并进行 IP 地址管理等。安全管理主要指在终端注册到网络时执行的鉴权与认证过程，以及在终端接入网络时执行的安全上下文检查。

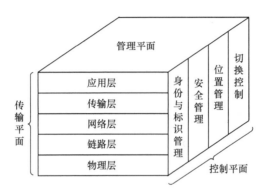

图 3-1　移动性管理的协议参考模型

从移动性管理的定义可以看出，移动性管理主要服务于移动场景下的用户，保证用户在通信和业务访问时的一致性体验，因此，移动性管理的特征与用户所处的移动环境和业务场景密切相关。然而传统的移动通信网络的主要服务对象是用户，主要的移动业务是语音业务和普通数据业务，如互联网访问。因此，业务场景较为单一，从而导致传统移动通信网络通常采用单一的移动性管理机制，例如，在 4G LTE 网络中，统一采用集中式移动性管理机制，即移动性管理的控制平面功能集中部署在核心网中。下面以 4G LTE 网络为例介绍传统的移动通信网络中的移动性管理机制特征。

在传统的移动通信网络中，如 4G LTE 网络，所有终端都采用统一的接入控制、认证授权、位置更新等过程，终端的所有移动性管理过程都由网络中的移动性管理实体（MME，Mobility Management Entity）负责处理。终端发起

的移动性管理过程主要包括附着过程、跟踪区更新过程、服务请求过程以及去附着过程。附着过程主要用于终端向网络注册，终端附着成功后，终端状态从去注册态转移至注册态[3]。跟踪区更新过程主要用于终端上报位置信息和保持可达性。在跟踪区更新过程成功执行后，终端和网络之间进行一次位置信息的更新和可达性信息的更新。服务请求过程用于终端请求恢复与网络的控制平面和用户平面连接。在服务请求过程成功执行后，终端可以正常从网络获取服务。去附着过程主要用于终端从网络中去注册，该过程的执行将导致终端进入去注册状态。

在切换控制方面，4G LTE 网络统一采用基于网络的硬切换，即切换过程由网络发起和控制，采用先断后连的方式重建终端各无线连接。4G LTE 网络中的基站在发起切换过程时，首先需要进行切换判决。信号质量或信号强度是 4G LTE 网络进行切换判决时需要考虑的主要参数。在进行切换判决前，系统通过小区测量来检测当前蜂窝小区和邻居小区的无线信号质量，小区测量由终端在基站的控制下完成，测量结果以信号与干扰加噪声比或者参考信号接收质量来表示[4]。当终端判断当前驻留小区不能继续提供服务时，执行目标小区选择来确定待选目标小区，如果没有合适的目标小区，则继续扫描邻近小区并进行信号测量，直到扫描到合适的待选目标小区。终端扫描到符合预设条件的目标小区后，终端将扫描的目标小区列表发送到基站，由基站选择最终的目标小区并确定执行切换。

3.1.2　5G 网络中移动性管理面临的新形势

移动智能终端和移动应用程序的飞速发展，如移动社交网络、移动云计算和物联网，带来许多新的通信场景，国际电联无线电通信部门（ITU-R）将未来网络中的通信场景分为三大类[5]：增强的移动宽带（eMBB）、大规模机器类通信（mMTC）和低时延高可靠通信（URLLC）。3GPP 将 5G 应用场景根据性能要求总结为四大类：增强的移动宽带（eMBB）、关键通信（CriC）、大规模物联网（mIoT）和车联网通信（eV2X）。我国 IMT-2020（5G）推进组将 5G 场景分为广域连续覆盖、热点高容量、低功耗大连接、低时延高可靠 4 个场景。在这些多样化的通信场景中，用户或业务对移动性管理存在差异化的需求。因此，未来的 5G 网络应能够根据具体通信场景的特点按需定制移动性管理机制并按需提供移动性管理服务。

现有的移动通信网络使用的都是 "one size fits all"（单一）架构，如 4G LTE 网络。因此，现有网络中的移动性管理机制是固化的，即网络根据运营商的静态配置来实现具体移动性管理机制。在这种移动性管理机制固化的网络中，无论网络所服务的场景是否存在差异性，网络中的移动性支持能力总是固定不变的，因此，难以向 5G 中需求各异的物联网场景和移动互联网场景提供高效的移动性支持。在物联网场景中，终端数量庞大，4G LTE 网络中采用的集中式网络控制和移动性管理容易造成移动通信网络中的信令拥塞和节点过载。为大量要求接入互联网的移动互联网业务采用集中式路由容易造成路由迂回和数据传输拥塞，从而降低数据的传输效率和传输性能。另外对于非本地网络的业务，传统移动通信网络通常采用集中式锚点网关，这使得边缘计算技术难以得到支撑，互联网中的高流量和时延敏感业务难以得到高效的服务。另外，5G 网络中新的部署场景也会带来新的移动性管理挑战，例如，为了扩展热点地区的覆盖和提高系统容量，基站部署越来越密，尤其是超高密集组网，小区边界更多、更不规则，切换更复杂，同时由于高频段的使用，小区范围越来越小，导致用户移动时切换发生得更加频繁，切换失败率增大。总之，现有的移动性管理技术难以适应这种新型的移动通信网络。

为了在未来 5G 网络中为多样化的通信场景提供更好的服务并保证系统性能，网络应能够根据场景中的移动性支持需求提供最适当的移动性管理机制。目前，在移动性管理技术相关的研究中，针对通信场景的业务需求和运营需求按需定制移动管理机制 [6] 是研究热点之一，包括对移动性管理机制的选择、移动性管理功能的定制以及移动性管理功能的部署。这是实现 5G 高效移动通信系统的重要保证。

| 3.2 按需移动性管理 |

根据对 5G 网络中业务和场景的预测，5G 网络将服务固定、游牧、高速移动等在内的多种移动终端，提供长连接、短连接、小数据传输等多种数据传输服务，支持业务连续性、会话连续性等多种连续性类型的业务，例如，5G 网络既需要支持超高移动性以便服务于以 500+km/h 的高速铁路为代表的应用场景，也需要服务面向传感器等对移动性要求不高的甚至不移动的终端。因此，5G 网络需要为不同的通信场景提供按需移动性管理。

本节主要介绍 5G 网络中按需移动性管理的基本概念，以及 5G 网络在提供按需移动性管理时具体的移动性管理机制的差异，主要介绍接入控制、安全机制、移动性状态机、位置管理和可达性管理等方面的新特性。

3.2.1 按需移动性管理的基本概念

为了在不同移动特征和业务特征的通信场景中提供高效的移动性管理，5G 网络需要提供按需的移动性支持。目前，业界已经研究了如何向不同的移动场景提供合适的移动性管理机制，包括国际互联网工程任务组（IETF）提出"按需移动性管理"的概念 [7]，此概念中，移动性管理机制的选择需要考虑应用场景的需求，移动性管理机制主要从 IP 会话的连续性和 / 或 IP 地址的可达性方面进行区分；3GPP 在 5G 需求研究报告中，也提出了类似的"按需移动性支持"概念，其中移动性支持的区分不仅考虑应用层的业务需求特征，还考虑终端的移动性特征。从目前出现的按需移动性管理概念看，其本质是要通过感知不同通信场景的特征来确定为终端提供的定制化的移动性管理机制。

3GPP 架构组在研究按需移动性管理时，定义了按需移动性管理的重点问题 [8]，主要内容如下。

（1）终端和网络的移动性状态模型，以及各移动性状态之间的转换。

（2）移动性管理的信令流程，包括终端 / 用户注册到网络的流程、针对被叫终端的寻呼流程、监测终端是否可达的可达性管理流程、按需分配控制平面和用户平面的移动性管理功能的流程等。

（3）终端移动性支持等级的确定、确定终端移动性支持等级的信息的获取方法以及通过何种手段，何种原则来决定针对终端的移动性支持等级。

（4）不同移动性等级下的按需移动性支持，以及在确定终端的移动性支持等级发生变化时，如何更新提供给终端的移动性支持等级。

在具体的技术研究中，3GPP 将重点放在如何向终端提供定制化的移动性管理机制，因此，提出 5G 网络首先需能够感知终端的通信场景特征，如终端的移动模型和通信模型等。5G 网络中将开放与第三方应用的接口并引入大数据分析平台来感知通信场景特征 [9]。通过对移动通信场景特征的感知，5G 网络能够向终端提供定制化的移动性管理。

文献 [6] 提出了基于网络切片来实现按需移动性管理的技术，能够基于不同终端的移动性支持需求来定制不同移动性支持能力的网络，然后将不同移动性支持需求的终端定向到相应的网络切片中，从而实现按需移动性管理。其中对终端移动性支持需求的感知依赖于应用层对运营商网络的开放程度，移动性支持能力的确定依赖于运营商网络内部的具体算法。

总结现有技术，按需移动性管理的基本思想可概括为：基于对通信场景的感知，获取场景的移动性支持需求或者移动性特征，然后向移动性管理相关功能提供移动性支持需求或场景中的移动性特征，使得移动性管理相关功能（如网络管理平台和服务该终端的移动性管理功能）能够向终端提供满足需求或者符合特征的移动性管理机制。

3.2.2　网络切片中的接入控制

移动通信网络需要对接入的终端执行接入控制。传统的移动通信网中的接入控制主要包括网络选择、身份认证、接入限制、鉴权授权和策略控制。然而在 5G 网络中，由于网络切片技术的引入，接入控制还包括对终端接入网络切片的控制。

网络切片是一组网络功能、运行这些网络功能的资源以及这些网络功能特定的配置所组成的集合[10]。从本质上看，网络切片是一个逻辑网络，可提供一个或者多个域的网络服务，例如，一个网络切片可同时包含核心网域、传输网以及应用域中的一个或者多个。因此，为提供按需服务，网络需根据特定业务的网络需求（如功能、性能、安全、运维等方面），为终端提供差异化特征的网络切片，从而降低网络的复杂性、提升网络运行的性能以及用户的业务体验、降低网络部署及运维的成本。

目前，接入网域的切片仍面临挑战，核心网侧的切片出现过以下 3 种实现方式。

选项一：多个网络切片在逻辑上完全隔离，只在物理资源上共享，终端可以连接多个独立的网络切片，终端在每个核心网切片可能有独立的网络签约。

选项二：多个网络切片共享部分控制面功能，实现终端粒度的功能，如移动性管理等。而另外的部分控制面功能和用户面功能是切片专有的，实现切片特定的服务。

选项三：多个网络切片之间共享所有的控制面功能，用户面功能是切片专有的。

最终，3GPP 标准化组织将选项二确定为 5G 核心网支持网络切片的方式。在这种网络架构中，接入和移动性管理功能（AMF）作为网络切片间的共享功能，负责网络切片选择及控制平面信令消息的路由。因此，网络对终端接入网络切片的控制是层次化的：首先，接入网要为终端选择 AMF，AMF 对终端进行身份认证和签约检查，AMF 会根据终端的请求和终端的签约信息，确定终端允许接入的网络切片。后续当终端请求在所选网络切片中创建会话连接时，会话管理功能（SMF）再次进行签约检查，确定终端能否在所选网络切片中创建所请求的会话连接。

当移动终端接入支持网络切片的 5G 网络时，终端首先需要向网络提供网络切片选择信息（NSSAI，Network Slice Selection Assistance Information）。NSSAI 由运营商配置到终端或者由终端从网络下载后保存，单个 NSSAI（S-NSSAI）本质上由多维描述符组成，主要包括标识切片类型或者业务类型的切片 / 业务类型（SST，Slice/Service Type）和标明租户信息的切片区分符（SD，Slice Differentiator）。目前，SST 已经被 3GPP 标准化，具体包括 eMBB、URLLC、MIoT 和 V2X 4 类，分别取值 1、2、3、4。

在终端接入网络时，无线资源控制（RRC，Radio Resource Control）层和非接入层（NAS，Non-Access Stratum）的请求消息都需要携带请求的 NSSAI，其中，RRC 层的 NSSAI 可以帮助接入网将终端的信令路由到共享的 AMF。接入网优先基于终端提供的临时标识信息选择 AMF。如果终端没有提供临时标识信息或提供的临时标识信息不能指向一个有效的 AMF，则接入网根据请求的 NSSAI 选择 AMF。如果接入网仍不能选到一个合适的 AMF，或终端没有提供任何临时标识信息或请求 NSSAI 信息，则接入网基于配置选择一个默认的 AMF。

收到终端初始注册请求的 AMF 首先需要对终端进行基本的身份认证和签约检查。由于 5G 网络中用户签约数据包含签约的 NSSAI，因此，AMF 还需检查终端提供的请求的 NSSAI，并判断是否能够支持终端希望接入的网络切片。如果该 AMF 不能够支持所请求的 NSSAI，则将请求的 NSSAI、签约的 NSSAI、终端的位置信息、终端当前使用的接入技术信息等发送到 NSSF 进行网络切片选择。在接入网节点为终端选择到默认 AMF 的情况下，由默认 AMF 对终端进

行身份认证和签约检查，然后再选择目标 AMF。图 3-2 描述了终端初始接入过程中接入网络切片的信令流程 [11]。

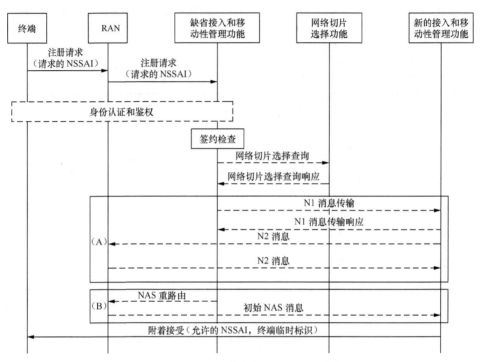

图 3-2　终端初始接入过程中接入网络切片的信令流程

　　终端成功注册到网络后，即终端注册到 AMF 后，可以发起协议数据单元（PDU，Protocol Data Unit）会话建立过程。在 PDU 会话建立的过程中，AMF 需要根据 PDU 会话建立请求中的数据网络名称、S-NSSAI 等信息为终端选择合适的网络切片和 SMF，具体流程如图 3-3 所示。

　　AMF 将 PDU 会话建立请求转发到所选择的网络切片中的 SMF。所选网络切片内的 SMF 收到请求消息后，会再次从统一数据管理功能中获取终端的会话管理相关签约数据，然后基于终端的会话管理相关签约数据再次检查，判断终端是否允许在此网络切片中建立 PDU 会话连接。最后 SMF 完成 PDU 会话建立后返回响应消息。

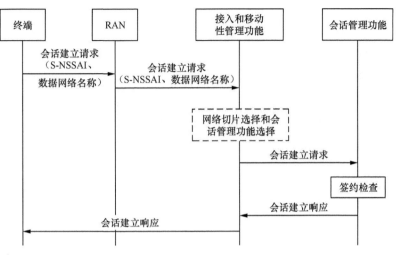

图 3-3 终端在网络切片中建立 PDU 会话的信令流程

3.2.3 网络切片内的二次鉴权

网络切片的引入还使 5G 网络能够在不同网络切片中使用不同的安全策略进行鉴权授权。因此，5G 网络中的安全管理也呈现层次化特征，即在共享的移动性管理功能中提供基本的安全管理，而在具体的网络切片中提供针对性的差异化安全管理。

终端注册到网络后，一旦发起 PDU 会话建立过程，SMF 将基于终端的会话管理相关签约对 PDU 会话请求进行一致性检查。基于终端希望接入的数据网络所关联的运营商策略，SMF 还可能请求外部数据网络对终端进行二次鉴权，即应用层的鉴权/认证。图 3-4 给出了 5G 网络在不同层次对终端进行鉴权/认证的过程[12]。

第一层鉴权/认证过程发生在终端注册到 5G 网络的过程。该鉴权和授权由网络中的 AMF 通过执行 NAS 安全过程完成。在终端和 AMF 之间完成了主要鉴权、授权和密钥协商过程后，AMF 为终端创建安全上下文。该 NAS 安全过程和 LTE 网络的 NAS 安全过程类似。

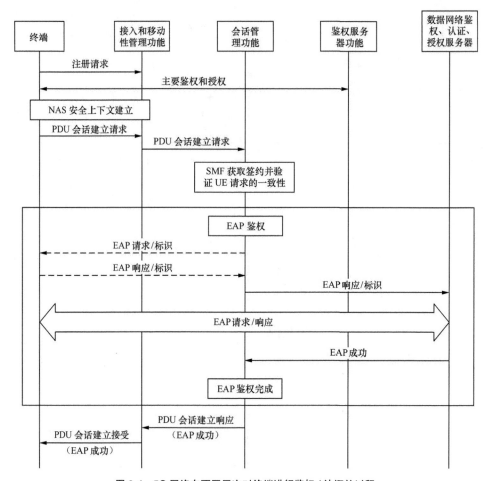

图 3-4　5G 网络在不同层次对终端进行鉴权 / 认证的过程

　　第二层鉴权 / 认证过程发生在终端注册到 5G 网络之后，由 SMF 根据终端的 PDU 会话建立请求消息发起。当终端发起建立到某个特定数据网络的 PDU 会话时，SMF 首先获取终端的会话管理签约，并基于签约信息和本地策略验证终端请求消息的一致性。然后，SMF 需要基于终端的请求消息和数据网络相关的 SMF 策略，检查是否需要请求数据网络对终端再次进行认证 / 授权。在 PDU 会话建立的过程中，如果终端提供了数据网络相关的认证 / 授权信息，并且 SMF 根据与数据网络相关的会话管理策略确定需要对 PDU 会话的建立进行认证和授权，则 SMF 将终端的认证 / 授权信息发送到数据网络中的鉴权、认证和授权服务器（AAA Server）。如果终端未提供认证 / 授权信息，但 SMF 确定需要对 PDU 会话的建立进行认证 / 授权，则 SMF 拒绝 PDU 会话建立。AAA Server 负责认证 / 授权 PDU 会话的建立，该服务器可部署在 5G 核心网内部或外部数据网络。如果部署在 5G 核心网内部且可直达，则 SMF 可直接与该服务器通信。否则 SMF 需通过 UPF 与之通信。数据网络提供的授权数据可包括 PDU 会话允许使用的 MAC 地址列表、以太网类型的 PDU 会话允许使用的 VLAN ID 以及 PDU 会话的聚合最大比特率等。这些认证 / 授权信息最终会发送给终端。

针对已经建立的 PDU 会话，SMF 可以不经过数据网络的认证 / 授权，为 PDU 会话增加用户平面锚点，但是如果要为 PDU 会话增加或删除前缀或地址，SMF 可基于本地策略，将相关事件通知给数据网络。AAA Server 可在任何时刻撤销对 PDU 会话的授权或更新 PDU 会话的数据网络授权数据。相应的，SMF 可能释放或更新 PDU 会话。

3.2.4 可配置移动性状态

5G 网络将服务多样化的移动通信场景，不同场景中移动性支持的需求并不统一，因此，针对不同的移动通信场景定制移动性状态机是按需移动性管理的重要特征。

1. NAS 层移动性状态机模型

和 LTE 网络相比，在 5G 终端或网络所使用的 NAS 层移动性状态机模型中，基本状态集没有本质的改变，仍然分为注册管理状态和连接管理状态，但是因为新的 RRC 状态和虚拟化环境的引入，终端的状态转移条件发生了变化。

终端注册管理状态反映了终端所在移动网络的注册情况，具体状态分为注册状态和去注册状态。当终端处于去注册状态时，终端没有注册到网络，网络中没有终端的有效性位置或路由信息，因此，终端对于网络来说是不可达的。但是网络仍可能保留终端的一些上下文信息，例如，保留安全上下文避免每次

终端重新注册到网络时执行鉴权过程。去注册状态的终端可以发起移动网络选择过程，并在选择的移动网络中发起初始注册过程注册到所选移动网络中。如果终端发送的初始注册请求被网络接受，则终端进入注册状态；如果终端的注册请求被网络拒绝，则终端仍然保留去注册状态，如图 3-5 所示。

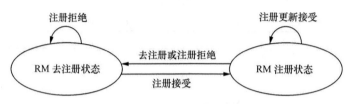

图 3-5　终端注册管理状态模型

终端进入注册状态表明其成功注册到网络，此后该终端可以发起请求（如服务请求等），并可以接受网络的服务。当终端不希望在该网络继续注册时，终端可以发起去注册过程，然后进入去注册状态。去注册过程包括显示方式和隐式方式，即通过显示信令发送去注册请求到终端，或者本地将终端的上下文标记为无效或删除。对于成功注册的终端，网络可以提供正常的网络服务，包括寻呼。但是如果网络不希望继续向该终端提供服务时，网络可以发起去注册过程，网络侧发起的去注册过程也包括显示方式和隐式方式。此后网络侧的终端状态也变成去注册状态。

终端的连接管理状态反映了终端的非接入层（NAS）连接状况，NAS 连接是终端和核心网之间的信令连接，用于 NAS 消息的传输，由终端和接入网之间的接入网信令连接（包括与蜂窝基站的 RRC 连接和与非 3GPP 接入的无线连接）以及接入网和核心网之间的 N2 信令连接组成。终端的连接管理状态分为两种：空闲态和连接态。

成功注册到网络的终端处于空闲态时，终端和网络之间没有 NAS 信令连接，也没有用户平面的数据连接，此时终端可以执行移动网络选择、小区选择和重选。此后终端如果有上行信令或数据，终端可以发起初始 NAS 过程（如服务请求过程或者注册更新过程）来恢复终端和网络之间的信令连接。当终端建立了与网络的信令连接后，终端进入连接态，如图 3-6 所示。由于从终端侧只能看到接入网信令连接，因此，一旦接入网信令连接建立，则终端认为进入连接态。进入连接态的终端可以发起任何会话管理过程，如会话建立、删除、修改等。如果终端在进入连接状态时还激活了用户面的无线连接，则终端还可以进行数据收发。终端完成数据传输后（如基站检测到终端长时间处于不活跃状态，没有数据传输），网络将释放与终端连接。一旦终端检测到接入网信令连接释放，则进入空闲态。

图 3-6 终端侧连接管理状态模型

在传统 LTE 网络中，当接入网和核心网之间没有信令连接时，终端与网络之间的 NAS 信令连接将释放，并且网络侧该终端的连接管理状态将转变为空闲状态。然而在 5G 网络中，由于虚拟化环境的引入，网络中的接入和移动性管理功能采用软件实现，软件实例的动态变化可能导致在终端处于连接态时，N2接口的信令连接被暂时释放，等到终端和网络的下一次信令交互时，再重新恢复 N2 接口的信令连接。因此，传统网络中的状态转移条件将不适用，此时接入和移动性管理功能还需要看用户平面的数据连接是否已释放，只有当 N2 信令连接以及用户平面数据连接都释放了，网络侧的终端连接管理状态才进入空闲状态，如图 3-7 所示。

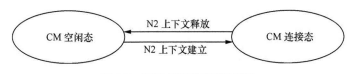

图 3-7 网络侧连接管理状态模型

2．RRC 非激活状态

3GPP 在 5G 网络的研究中，在终端的 RRC 层引入了连接态 RRC 非激活态

（RRC Inactive）。RAN 需要根据终端的业务要求配置 RRC 非激活态，也就是说网络需要考虑终端当前应用的特征和需求、核心网提供的辅助信息、终端的历史移动性特征等来确定 RRC 非激活态的相关配置。因此，RRC 非激活态的灵活配置是 5G 网络中按需移动性管理的重要体现。

在 RRC 非激活态配置过程中，RAN 需要从核心网获取终端标识、终端的注册区域、周期性注册更新定时器时长等辅助信息。如果因为 NAS 过程导致 RRC 非激活态辅助信息发生改变，则 AMF 需更新 RAN 节点中的核心网辅助信息。

图 3-8 是引入 RRC 非激活态后，RRC 层 /NAS 层的状态机模型。当终端开机时，终端执行移动网络选择和小区选择，或者在某个合适的小区中游牧。当终端注册到网络并完成会话连接建立后，终端将进入连接态，此时 RRC 状态为 RRC 连接态（RRC Connected）。终端完成数据收发一段时间后，RAN 节点会因为终端的不活跃将其 RRC 状态迁移到 RRC 非激活态。相反的，若终端有上行或下行的数据传输，则 RAN 将终端的 RRC 状态再次迁移到 RRC 连接态。终端从网络中去附着或者关机，这会导致终端进入去注册状态，RRC 层进入空闲态。处于 NAS 连接态的终端释放 NAS 连接后，NAS 层和 RRC 层进入空闲态。反之，NAS 连接的建立导致 NAS 层和 RRC 层进入连接态。

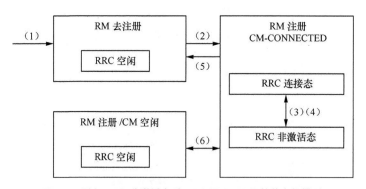

图 3-8　引入 RRC 非激活态后 RRC 层 /NAS 层的状态机模型

当终端处于 RRC 非激活态时，RAN 和终端中的接入层上下文均保留，这样终端可以通过 RRC 层的恢复过程（Resume）完成从 RRC 非激活态到 RRC 连接态的迁移，该迁移过程不需要任何 NAS 层的信令交互。RAN 会为 RRC 非激活态的终端配置 RAN 通知区域以及周期性 RAN 通知区域更新定时器，并在 RAN 侧启动 RAN 通知区域更新门限定时器。如果 RAN 中的周期 RAN 通知区域更新定时器超时，RAN 将触发终端上下文释放过程。

触发终端发起 RRC 恢复过程的原因包括终端有即将发送的上行数据、终端移动触发了 NAS 信令流程、响应 RAN 寻呼、通知网络其处在 RAN 通知区域内、周期性 RAN 更新定时器超时等。如果终端通过 RRC 恢复过程发起与其他 RAN 节点的连接建立过程，则该 RAN 节点需要从原 RAN 节点获取终端的上下文并触发到核心网的流程。

当 RRC 非激活态的终端有下行数据到达 RAN 时，RAN 寻呼终端。若 RAN 寻呼失败，则要分为以下两种情况处理。

（1）RAN 有下行 NAS 信令消息待传输时，RAN 将触发 NAS 信令连接释放，从而 AMF 将终端的连接管理状态改为 CM-IDLE 态；

（2）RAN 节点仅有待传输的用户面数据时，基于本地配置，RAN 可以选择保持 N2 连接或者触发 NAS 信令连接释放过程。

当终端处于 RRC 非激活态时，终端和核心网的 NAS 层均认为终端处于连接态，但是终端仍然可以执行网络搜索和选择的过程。当终端移出注册区域时，终端的 NAS 层也会触发注册更新过程注册到核心网中。

3．移动性状态机的定制

虽然 5G 系统中移动性状态机的模型是通用的，但是针对特定的通信场景（例如，针对低成本终端或者非频繁数据传输通信），网络可以定制移动性状态机，以提高网络资源的利用效率、节省信令开销或者减少能耗。

为了解决处于不同通信场景下的终端的移动性状态选择和状态迁移问题，3GPP 在 5G 网络技术研究阶段还提出了网络进行终端的移动性状态定制方法[13]。相关研究提出，网络可考虑终端的移动性、终端偏好或设定、终端签约信息 / 网络配置等优化终端移动性状态机和移动性管理机制。在确定终端的 RRC 状态

时，网络需要根据终端的移动性行为、通信模型等辅助信息来配置 RRC 状态机。网络在决定了终端的移动性状态后，需配置终端。图 3-9 给出了终端移动性状态机定制的一般化流程。

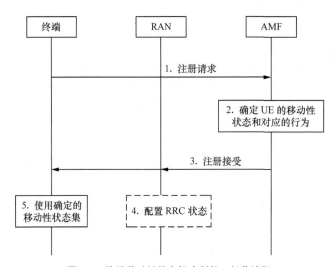

图 3-9　终端移动性状态机定制的一般化流程

当 5G 终端注册到网络时，终端可能发送自己的偏好给 5G 核心网，如空闲态模式偏好、寻呼偏好等。基于终端的偏好、终端的移动性信息、签约信息和网络配置等，AMF 确定终端的移动性状态和网络的移动性管理行为。进一步地，AMF 确定 RAN 配置 RRC 状态所需的辅助信息，比如终端的注册区域信息。最后在附着接受过程中，网络通知终端所确定的 NAS 层和 RRC 层移动性状态及状态转移条件。终端根据接收到的移动性状态及状态转移条件，确定自身的状态机。

上述移动性状态机定制可用于特殊类型终端的状态机定制，如静止终端或者仅发起业务（MO Only，Mobile Originated Only）的终端。以下以 MO Only 终端为例进行介绍。

对于 MO Only 的终端，可以简化其 NAS 层的状态机，将注册状态和连接状态绑定，去注册与空闲状态绑定。这样，终端的 NAS 层状态机可以简化为两个主要状态，分别记为 NG_NAS_REGISTERED 状态和 NG_NAS_DE-

REGISTERED 状态。同样，RRC 层状态机也仅保留 RRC 连接态和 RRC 空闲态（RRC IDLE）。当终端有上行数据报文要传输时，终端发起附着 / 注册过程来建立终端与核心网之间的信令连接，然后终端进入 NG_NAS_REGISTERED 状态。当终端附着 / 注册到网络时，终端与 RAN 之间的信令连接也将会建立，即 RRC 层进入到 RRC 连接态。终端会一直保持 NG_RAN_CONNECTED 状态直到上下行数据传输完成。当数据传输完成后，终端将发起去附着，释放与 RAN 之间和与核心网之间的信令连接，然后进入 NG_NAS_DE-REGISTERED 状态和 RRC 空闲态，其状态转移图如图 3-10 所示。

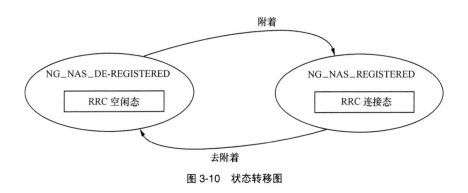

图 3-10　状态转移图

3.2.5　移动性限制

移动性限制并不是 5G 独有的新概念，但是和传统网络的移动性限制相比，5G 移动性限制增加了更多的选项，包括接入技术限制、禁止区域、服务区域限制和核心网类型限制。在 3GPP Release 15 版本的协议中，移动性限制仅适用于终端通过 3GPP 接入。

接入技术限制指终端不允许接入指定的 3GPP 接入技术类型。在受限的接入技术类型下，终端在移动网络中不能发起任何通信。禁止区域指在给定接入技术类型的指定区域，终端在移动网络中不能发起任何与网络的通信。位于禁止区域的终端仍可以执行小区选择，接入技术选择和移动网络选择。服务区域

限制是 5G 网络中新引入的移动性限制类型，服务区域限制主要定义终端允许或者不允许发起通信的区域信息。其中，允许区域指在给定接入技术类型下，终端允许发起与网络的通信的区域；不允许区域指在给定接入技术类型下，无论终端是空闲态还是连接态，终端和网络都不允许发起服务请求或者会话管理消息来获取用户服务的区域。位于不允许区域的终端仍可以发起周期性注册更新和移动性注册更新，这样网络仍然可以追踪终端，并可以动态更新对终端的移动性限制。不允许区域不影响 RRC 非激活状态的终端的 RRC 过程和资源管理过程。位于不允许区域的终端能够响应网络的寻呼。核心网类型限制主要定义终端是否允许接入指定类型的核心网。

移动性限制功能主要由终端、RAN 和核心网执行。空闲态和 RRC 非激活态的终端根据从核心网接收的信息执行移动性限制。而对于连接态的终端，由RAN 和核心网执行移动性限制，移动性限制信息由核心网以切换限制列表的形式提供。当终端的移动性限制中存在重叠区域时，终端需要按照以下顺序处理：接入技术类型限制优先于任何其他移动性限制；禁止区域优先于允许区域和不允许区域；不允许区域优先于允许区域。当终端为了获取高优先级服务（如紧急呼叫等）而接入网络时，终端可以忽略接入技术类型限制、禁止区域和不允许区域。此时，网络侧也可以忽略这些限制。

在终端注册过程中，如果 AMF 中没有终端的服务区域限制，则 AMF 需要从统一数据管理功能获取终端的业务区域限制。AMF 基于终端的签约信息来决定服务区域限制，但根据终端所处的位置不同、移动行为的改变，网络中的策略控制功能可动态调整提供给终端的移动性限制，例如，AMF 可能将终端签约的移动性限制信息发送到策略控制功能，使策略控制功能可以进一步修改终端移动性限制信息。修改后的移动性限制信息将被重配置到终端和 RAN 上。服务区域限制包含一个或多个跟踪区，在不允许区域的终端的注册区域仅由不允许区域的跟踪区组成，而在允许区域的终端的注册区域仅由允许区域的跟踪区组成。允许区域的跟踪区数目可以被 AMF 动态增加，直到最大数目。对于连接态的终端，AMF 需要向 RAN 提供服务区域限制。终端需要保存并且遵循移动性限制。

3.2.6　基于终端移动性特征的位置管理

由于 RRC 非激活态的引入，5G 网络中出现了新的位置更新过程，即 RAN 级别的位置更新。RAN 级别的位置更新和 NAS 层的位置更新共同构成了 5G 网络中的位置更新机制。

终端进入连接态时可启动和配置 RAN 级别的位置更新。进入 RRC 非激活态的终端会从 RAN 收到 RAN 级别的寻呼区域，该寻呼区域是小区级别的，由一组小区组成。当处于 RRC 非激活态模式的终端移出当前的 RAN 级别寻呼区域时，终端需要发起位置更新过程通知 RAN，使得 RAN 为终端重新分配 RAN 级别的寻呼区域。

图 3-11 给出了服务请求过程中 RAN 节点为终端激活 RRC 非激活态的过程。

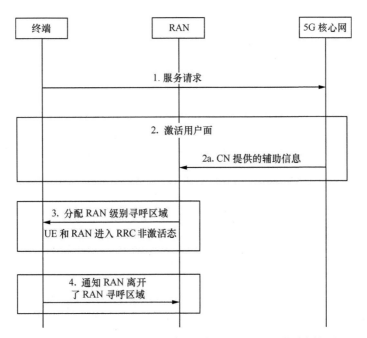

图 3-11　服务请求过程中 RAN 节点为终端激活 RRC 非激活态的过程

资料专栏：寻呼区域，位置更新

在蜂窝移动通信系统中，为了提高空口无线信道的利用率和频谱效率，需将没有业务数据传输的终端置为空闲态，即释放该终端与网络的无线连接。为了让网络在必要时能够主动联系空闲态终端，如建立语音呼叫，网络需知道该终端所在的位置区域，以便在该区域进行空口广播来寻呼终端。寻呼区域就是指该网络发送空口广播寻呼终端的区域。

为了让网络能够寻呼到终端，网络中需要对终端的位置进行管理。在蜂窝移动通信系统中，网络需向终端分配活动区域，终端在所分配区域内移动时无须通知网络，一旦移出所分配区域立即通知网络，该通知过程通常称为位置更新。在 2G 网络中，网络分配的区域记为位置区（LA，Location Area），3G 网络中记为路由区（RA，Routing Area），4G 网络中记为一组跟踪区（TA，Tracking Area），5G 网络中记为注册区（RA，Registration Area），注册区也是由一组跟踪区组成。

对于 RRC 非激活态的终端，5G 网络可以采用 RAN 级别的寻呼，即由 RAN 寻呼终端，此时仅在 RAN 级别寻呼区域进行寻呼。若 RAN 寻呼失败则判断终端不可达，随后释放与核心网的信令连接，触发核心网迁移到空闲态。当终端移出了当前 RAN 级别的寻呼区域后，需要向 RAN 发送位置更新请求。在确定 RAN 级别的寻呼区域问题上，有研究认为终端最了解自身的行为模式[13]，因此，希望终端能够向网络提供一些参考信息，例如，向 5G 核心网发送小区列表和 / 或跟踪区列表，向 5G 核心网表明其希望在该列表对应的区域内保持在连接态和 RRC 非激活态。5G 核心网在确定向 RAN 提供辅助信息时，可以参考终端提供的信息。然而该建议最终没有被标准采纳。

5G 网络针对特殊类型的终端，如 MO Only 终端，可以优化位置管理机制，降低网络信令和优化终端的能耗。3GPP 在 5G 网络技术研究项目中，曾提出针对 MO Only 的终端，可以无须使用寻呼过程并可降低注册更新的频率。当终端希望限制它的可达性时，例如，限制发送注册更新和 / 或监听寻呼，终端可在移动性管理过程（如注册更新过程）中向移动性管理功能说明将停止执行周期性注册更新过程和停止监听寻呼。网络存储终端最新的可达性限制信息。当终端的可达性受限时，终端不执行注册更新过程、不监听寻呼，网络不执行寻呼。当终端从受限可达性恢复时，终端执行正常的注册更新过程，在该过程中终端不再向网络请求受限可达性，具体流程如图 3-12 所示。

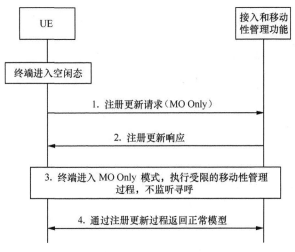

图 3-12 针对仅终端发起业务的终端的位置更新过程

终端根据网络的指示或配置信息，进入 MO Only 模式后，执行受限的移动性管理，此时终端不再监听寻呼。当终端希望退出 MO Only 模式时，终端使用不携带 MO Only 指示的移动性管理过程从受限的空闲模式恢复到正常的空闲模式。当终端处于空闲状态时，网络还可能根据终端行为（终端移动模型），使用特定的算法分配周期性更新的注册区域和定时器。只要终端停留在同一小区集合内，网络逐渐减少分配给终端的注册区域。在该区域内终端不需要执行更新信令，同时网络延长执行下一次周期性注册更新的时间，即网络逐渐调整分配的注册区域和周期性注册更新定时器的算法所使用的参数。基于对移动模式的分析，网络向终端提供的周期性注册更新定时器的时间可越来越长，直至执行周期性更新的需求完全终止。当处于空闲状态的终端移出注册区域时，为了对网络可达，终端应执行移动性注册区域，该更新操作会触发网络重置分配的注册区域和周期性更新定时器，将这些参数的值调整为完全移动模式所对应的值。

| 3.3　密集部署场景下的无缝移动性支持 |

超密集组网（UDN）是 5G 网络提高系统容量的一项关键技术，通过在热点区域密集部署大量无线接入点，可以大大地提高频谱资源的空间复用率[14]。超密集无线接入点在部署时通常具有部署方式灵活、回传条件多样、基站功能不统一等特征，具体表现在：小站由于覆盖小、体积小、成本低等特点，可以有其他更灵活的部署方式，如用户自行部署、临时按需部署等。小站的部署条件也千差万别，小站与网络连接的回传链路可以具有理想有线传输路径（如光纤专用通道）、非理想有线传输路径（如家庭 ADSL），甚至微波无线传输路径等，不同的回传条件，决定了小站与网络连接的传输时延和传输带宽具有不同的特点。大量小站普及之后，小站的功能也具有多样化的选择，例如，有些小站具有基站功能全集，有些小站只具有部分功能子集。

针对 UDN 的复杂特征，网络需要考虑其具体应用场景和网络部署的特征来提供移动性支持，以实现按需移动性管理。

3.3.1　服务 UDN 的去中心化网络架构

针对热点覆盖场景，3GPP 已经提出了控制与转发分离的网络架构，允许控制平面的宏基站和位于用户平面的第二基站重叠覆盖，一个终端同时被宏基站和第二基站建立双连接，使系统的容量和数据连接密度得到提高[15]。3GPP 提出的支持双连接的网络架构如图 3-13 所示。在此种架构中，第二基站与宏基站之间需要通过 X2 接口连接，宏基站完全控制第二基站，这在正常的运营商规划部署的网络中能够正常工作。然而在 UDN 场景下，第二基站（通常为小基站）的部署非常灵活和随机，难以保证小基站与宏基站之间保持理想的 X2 接口连接，因此，网络难以有效管理密集部署的小基站。

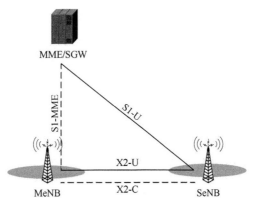

图 3-13　支持双连接技术的网络架构 [15]

　　小基站的灵活部署和回传网络状况的动态变化，特别是使用无线回传的小基站，会导致 UDN 的回传网络拓扑动态变化。为了在这种网络中提供高效的移动性管理，网络须能够快速感知无线接入环境的变化，包括回传网络的拓扑变化和小基站的负载情况。文献 [16] 提出基于去中心化网络架构来为 UDN 提供服务。

　　针对 UDN 部署场景的去中心化网络架构如图 3-14 所示。本地接入服务器（LAS，Local Access Server）进一步被划分为控制平面和用户平面。基站分为提供控制平面连接的宏基站和提供用户面连接的小基站，其中小基站又分为与 LAS 直连的规划部署的小基站和通过规划部署小基站与 LAS 间接连接的小基站。回传网络的状态搜集和拓扑管理均由位于控制平面的本地服务中心（LSC，Local Service Center）负责，数据的转发和路由由分布式的本地数据中心（LDC，Local Data Center）负责，这样，各小基站与 LDC 之间的最优传输路径可以由 LSC 计算、建立和修改，例如，当 LSC 检测到某小基站与 LDC 的主回传链路断开后，可以快速地将回传连接更新到备份回传链路上。在实际网络部署中，LAS 可以与 UDN 中的某一宏基站合设在相同的物理设备或实体上。

　　在图 3-14 所示的网络架构中，移动性管理可以分为 3 类：网络集中控制的本地化移动性管理、分布控制的本地化移动性管理和基于本地移动性锚点的移动性管理。

　　网络集中控制的本地化移动性管理要求网络中的本地服务中心支持以下

功能。

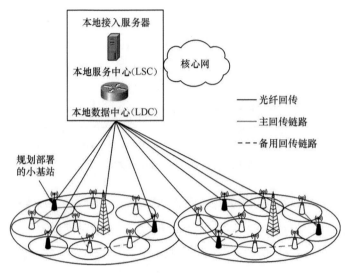

图 3-14　针对 UDN 的基本网络架构

（1）切换决策：在执行小区间切换之前，LSC 需要收集移动终端和候选目标小区的信息来确定目标小基站，收集的信息包括移动终端的速度和移动方向，以及候选目标小基站的信号强度、回传网络状况和负载。

（2）转发路径配置：一旦确定了目标小区，LSC 就需要计算转发路径，并将路径配置信息发送到目标小基站和 LDC，以建立新的数据转发路径。

（3）辅助发现候选目标小区：LSC 能够掌握网络部署的拓扑，因此，可以向移动终端提供候选目标小区的信息，例如，配置目标测量信息，帮助移动终端执行目标小区发现。

分布控制的本地化移动性管理要求小基站支持完整的移动性管理功能，本地服务中心的功能大大弱化，仅支持回传网络的状态搜集和拓扑管理，并基于多种属性决策选择目标小区。

基于本地移动性锚点的移动性管理和分布控制的本地化移动性管理类似，要求小基站能够支持完整的移动性管理功能，但并不要求出现 LSC[17]。小基站因切换产生的控制信令会发送到作为本地移动性锚点的基站上，因此，需要增强对作为本地移动性锚点的基站的功能，使其能够处理小基站的路径更新请求，并更新小基站与该本地移动性锚点之间的路径。

由于 UDN 主要用于提供热点地区的覆盖，而热点区域的流量类型大部分为互联网流量，因此，UDN 应该支持流量尽早卸载。然而由于小基站的高密度部署，考虑到设备的成本，不太可能将网关功能与小基站功能合设，因此，图 3-14 的本地化网络架构中，使用 LDC 来作为 UDN 中网络流量的本地汇聚点和分流点。

3.3.2　目标小区管理的增强

在 LTE 系统中，终端通过扫描当前驻留小区的邻近小区的信号质量或信号强度来发现目标小区。首先，终端根据基站提供的测量控制信息（通常是信令质量的门限值）测量当前驻留小区和邻近小区的信号。当终端判断当前驻留小区不能继续提供服务时，则进行目标小区选择来确定待选目标小区。终端随后将目标小区列表发送到基站，由基站选择最终的目标小区并确定执行切换。

在 UDN 场景中，大量存在小区重叠覆盖的情况，如果按照 LTE 系统的邻小区扫描方法，终端需要进行频繁的小区测量和上报，由此可能导致大量开销。因此，针对这种密集部署场景，出现了一些优化目标候选小区扫描的方法，例如，文献 [18] 提出了基于距离的邻小区扫描算法，利用终端历史访问的小区信息以及网络部署环境，通过各小区间的相对距离，预测目标候选小区，从而最小化目标候选小区的扫描次数。小区的信号质量或信号强度是传统移动通信系统进行切换判决时需要考虑的基本参数之一，在进行切换判决前，系统首先需要通过小区测量来检测当前驻留小区和邻小区的无线信号质量，在确定需要进行切换时选择无线信号质量最强的目标小区。然而在 UDN 场景中，由于小基站的灵活密集部署，无线信号质量最好的小区并不一定是最合适的目标小区，因此，在进行切换判决时，不仅需要考虑无线信号质量，还需要考虑移动终端的移动速度和方向、回传网络的拓扑和负载状况等，确定合适的目标小区。

> **资料专栏：驻留小区，目标小区**
>
> 　　在蜂窝移动通信系统中，为了在空口进行频率复用和减少同频干扰，将无线覆盖区域划分为一个个的小区。每个小区的空口广播消息中都携带了该小区的标识信息，因此终端可以通过小区广播消息区分开不同的小区。当终端尝试接入网络时，需要执行小区选择过程来确定希望接入的小区。当终端通过某个小区接入网络后，该小区称为终端的驻留小区。
>
> 　　传统蜂窝移动通信系统中的小区是静态配置的且与地理区域存在一定的对应关系，终端移出其当前驻留小区的服务范围时，网络需为终端选择新的服务小区。网络通常会根据终端对周围小区信号的测量信息以及终端的移动性确定新的服务小区，即目标小区。

3.3.3 　去中心化网络中的切换管理

　　在 5G UDN 场景中，若采用去中心化网络架构，则可部署本地化移动性管理机制来提高切换效率，包括降低信令开销、减少切换时延等。

　　当网络采用集中控制的本地化移动性管理机制时，终端需要在切换之前先通过宏基站建立与 LSC 之间的控制平面连接，通过小基站建立与 LDC 之间的用户平面连接。当终端移动到邻居小小区前，首先测量所有候选目标小区的信号强度，并通过宏基站发送测量报告到 LSC，如图 3-15 所示。

　　LSC 进行切换决策，确定目标小基站，然后将"切换请求"消息发送到目标小基站，以配置 LSC 基于回传网络的拓扑计算得出新的数据转发路径。该消息不仅包括空口无线承载的配置信息，还包括数据转发路径的配置信息，这使目标小基站可以为终端预留空口无线资源和建立数据转发路径。在确定目标小基站后，LSC 将"切换请求"消息发送到目标小基站，以配置基于回传网络拓扑计算得出新的数据转发路径。该消息不仅包括空口无线承载的配置信息，还包括数据转发路径的配置信息，这使目标小基站可以为终端预留空口无线资源和建立数据转发路径。一旦 LSC 收到目标小基站的确认消息，立刻通知宏基站向该终端发送"RRC 连接重配置"消息。与此同时，LSC 向 LDC 发送"路径更新命令"，消息中包含对 LDC 的路径配置信息，使 LDC 能够更新下行数据转发路径。LDC 在更新数据转发路径之前，须先在旧的转发路径上发送一个或多个"结束标记"，以向源小基站表明此路径上不再有下行数据，该"结束标记"最终会通过源小基站发送到目标小基站。

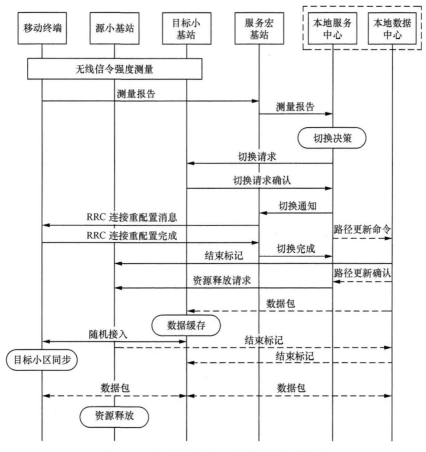

图 3-15　集中控制本地移动性管理下的切换流程

网络也可部署分布控制的本地化移动性管理机制。此时切换发生在小基站之间，其基本流程类似于 3GPP 定义的 X2 切换流程[19]。

在分布控制本地化移动性管理机制下，终端首先向其当前连接的小基站发送测量报告，报告中携带待选目标小区的信号强度。源侧小基站根据当前终端

的接收信号强度判断是否需要发起切换，如果需要发起切换，则该小基站发送所有待选小区的信号强度信息到 LSC。LSC 根据待选目标小区的信号强度、各小区所在基站的回传链路状况、终端的速度和移动方向等确定目标小基站和目标小区，LSC 将所选择的目标小基站和目标小区信息通知给源侧小基站。源侧小基站根据 LSC 的响应消息做出切换判决，并发起类似 X2 切换的切换过程。与 X2 切换不同的是，路径切换请求不是发给 MME，而是发给 LSC。该本地化移动性管理机制要求使用相邻小区之间的连接来最小化 X2 接口的信令开销，尤其是对于那些通过不同的规划部署小基站连接到 LAS 的小小区，此时相邻小小区之间可能通过无线连接相连。完成空口切换后，LSC 发送路径更新命令到 LDC，以配置新的数据转发路径。在 LDC 更新新的路径之前，同样需要在原数据转发路径上发送"结束标记"以指示该路径上不再有下行数据传输。在接收到"结束标记"和"释放请求"消息后，源侧小基站在缓存的下行数据传输完后释放空口无线连接。

3.3.4 虚拟小区技术中的移动性管理

在超密集网络中，单个基站的用户面容量受限，因此，需要将蜂窝小区分裂为极小的小区以提高单位面积的接入站点数目。据预测，5G 小基站的数目为宏覆盖基站的 10 ~ 100 倍，对应的用户管理和控制的负荷和复杂度也随之线性提升。另外，由于单个小区覆盖变小，还会带来诸如终端频繁切换等问题。虚拟小区技术改变了传统的小区的设计理念，在控制上将多个小覆盖的接入站点联合为一个虚拟的大小区，从而将多个接入站点当作该虚拟小区的资源来调度，避免了大量的控制平面信令开销和复杂的移动性管理过程，例如，频繁的切换处理提升了用户体验和系统效率[20]。

虚拟小区技术是将通过非理想回传连接的不同接入站点以紧耦合的方式关联起来，使用户可以体验到连续统一的大小区覆盖下的稳定服务。众多虚拟成一个小区的接入节点在终端看来需要有统一的公共信息、统一的逻辑连接处理、统一的资源协调和调度等功能，因此，接入节点之间的连接方式和最终处理方式决定了不同的虚拟小区架构和实现方式。总体来说，虚拟小区架构有两种：集中式虚拟小区和分布式虚拟小区。

集中式虚拟小区指参与虚拟化的接入节点之间采取集中式连接的方式，即有一个本地集中控制节点，集中管控所有的接入节点，完成统一的配置协调和作为虚拟连接锚点，如图 3-16 所示（左图）。分布式虚拟小区是指接入节点之间采取分布式连接的方式，以站间的接口进行协调和协商，统一为终端提供连续的服务，如图 3-16 所示（右图）。

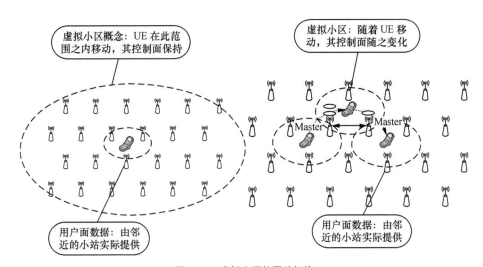

图 3-16 虚拟小区的两种架构

在集中式虚拟小区架构中，本地集中控制节点作为集中管理节点，需要与每个接入节点之间建立接口，用于下发配置信息和上报状态信息。整个架构呈现星形结构，以集中控制节点为中心，集中控制节点响应终端的 RRC 请求，并通过终端邻近的接入节点进行传输。集中控制节点集中管理接入节点的配置，并动态地管理每个终端的服务接入节点集合。终端的对等控制面实体位于集中控制节点，终端在同一个集中控制节点管控的范围内移动时，不需要进行切换。终端的实际传输用户面实体，动态地位于终端邻近的接入节点中，并随着终端的移动，用户面服务接入点集合动态地跟随终端移动。集中式虚拟小区的架构

可引入两层控制的思想，其中一层是负责层三及以上静态 / 半静态信令的控制，而另一层负责层二及以下动态信令的控制过程，即由统一的集中节点管控多个小站，集中节点作为用户的控制面锚点和移动性锚点。在终端周围符合传输条件要求的多个小站同时为终端提供服务，同时提供服务的小站组成终端的服务小站簇，在服务小站簇中，有一个主站，负责多个小站的资源协调和统一调度等动态管理，其他为从站，协同为用户服务。

在分布式虚拟小区架构中，接入节点之间呈现网状连接方式。对终端来说，实际的控制实体是随着终端移动而变化的，但是为了保持终端控制面的一致性，可以利用站间接口传递对终端的控制面上下文信息，以保证虚拟化小区操作。终端周围邻近的一个或者几个接入节点组成服务小区，服务小区中涉及的接入节点通过站间接口进行协调和快速交互，统一为终端服务。其中服务小区的范围内有一个主接入节点，负责终端的控制面操作。当终端因为移动发生了服务小区集合的变化时，主接入节点有可能变更，此时可以通过站间接口传递终端相关的控制面上下文信息，保证终端的控制面连接平滑和连续，终端几乎一直处于一个大小区服务中。

当终端在单个虚拟小区范围内移动时，由于终端的控制面可以一直保持，因此，终端不需要进行切换，但用户面服务节点的变化可能会触发重配置过程。终端的控制面之所以能一直保持是因为在集中式虚拟小区架构中，终端的控制面连接建立在集中控制节点上。而在分布式虚拟小区架构中，当终端的服务小区集合的主节点变化时，需要通过站间接口传递终端的控制面上下文信息，从而保证控制面的连续性。终端在同一个虚拟小区的范围内移动时，需要执行动态服务节点集合选择过程，即根据终端到周围服务节点的链路状况、服务节点的负荷等信息，动态地选择终端的服务节点集合，以更好地利用资源为终端服务。终端只有在更换虚拟小区时，才需要执行切换过程。一般情况下，在集中式架构中，如果更换了集中节点，则终端的虚拟小区也会变化，此时需要执行切换过程。而在分布式架构中，虚拟小区也会有一定的区域边界，一旦从一个虚拟小区移动到另一个虚拟小区，也需要进行切换过程，如图 3-17 所示。

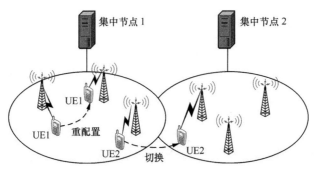

图 3-17　移动性管理示意

虚拟小区技术中，动态服务节点集合选择是区别于传统蜂窝网络移动性管理的一个重要功能。动态服务节点集合选择是指根据终端到周围接入节点的路径信息和资源情况，动态地为终端选择当前服务节点。动态的粒度取决于回传和接口的时延，可以做到几十毫秒变更一次，也可以做到毫秒量级甚至 1 ms 变更一次。对于移动终端来说，其服务节点集合随着用户的移动不断发生变化；而对于静止的终端来说，其服务节点集合也会随着其周围节点的资源状态发生变化。虚拟小区的区域是有限的，当终端移动导致跨虚拟小区时，网络需要执行切换过程。该切换过程类似于现有的 Xn 切换，由源本地集中节点与目标本地集中节点之间进行信令交互，完成切换准备过程，下发切换命令。

在以用户为中心的移动虚拟小区技术中，虚拟小区是从用户的角度来定义，虚拟小区会随着终端移动而移动，因此，网络需要动态地组织服务节点构成移动虚拟小区来为用户服务。

| 3.4　针对物联网终端的移动性管理 |

物联网应用是 5G 网络中的重要业务场景，从目前的发展趋势来看，物联网应用场景又可分为海量物联网终端场景和低时延高可靠场景。前者要求网络支

持海量物联网设备，提供每平方千米百万级连接数，同时要保证终端的超低功耗和超低成本；后者要求网络在不同的移动环境中提供低时延、高可靠的通信能力，如车联网。因此，本节将重点介绍针对海量物联网终端场景和低时延高可靠场景的移动性管理技术。

3.4.1 针对海量物联网终端的移动性管理增强

针对海量物联网终端进行移动性管理增强时，重点需要考虑终端节能和拥塞避免两个方面。在终端节能方面，除了前面提到的 MO Only 模式外，还有上行传输延迟发送技术；在拥塞避免方面，5G 网络将启用新的 NAS 层拥塞控制机制。

1. 上行传输延迟发送

当终端与网络通信时，上行数据每次传输的耗电量大约是下行数据接收的耗电量的 10 倍，因此，上行数据传输的电量消耗会显著增加终端总耗电量，相应的，优化上行数据传输的耗电量则会有效降低物联网终端的耗电量。

在移动网络中，无线信号质量的好坏对终端发送数据时的耗电量有着重要的影响，终端在无线覆盖差的区域发送数据的耗电量远大于终端在无线覆盖好的区域发送等量数据的耗电量。基于这样的考虑，3GPP 提出针对时延不敏感或者具备高延迟通信特征的终端，如用于数据采集的物联网设备，若其在上行数据发送时的无线信号不好或者期望减少状态转换，则可以延迟发送上行信令数据。具体方案是在终端或者终端的应用上配置延迟传输时间，当终端上有多个应用时，每个应用都可以依据其时间容忍程度配置不同的延迟传输时间。当这类终端希望传输上行数据的信号质量低于配置的门限值时，终端可以缓存待传输的上行数据并启动延迟传输定时器。在定时器超时之前，如果信号质量没有达到门限值，则终端不能传输上行数据。若定时器超时，而信号质量依然没有达到门限值，则终端直接发起上行数据传输而不考虑信号门限。

对于支持多个应用的数据采集类终端，相同的数据可能需要向多个应用服务器上报。在此情况下，为了减少终端的耗电量，3GPP 还提出了在网络中缓存终端上报的数据的方案 [21]。该方案避免终端重复上报相同的数据，从而使应用服务器通过访问网络缓存来获取需要的信息。

当时延不敏感或者具备高延迟通信特征的终端存在下行数据时，网络也允许终端延迟响应，以减少终端在信令过程中和 / 或上行数据传输过程中的耗电量。对此，3GPP 研究了网络在寻呼终端时，指示是否允许终端延迟响应的技术方案，具体流程如图 3-18 所示。

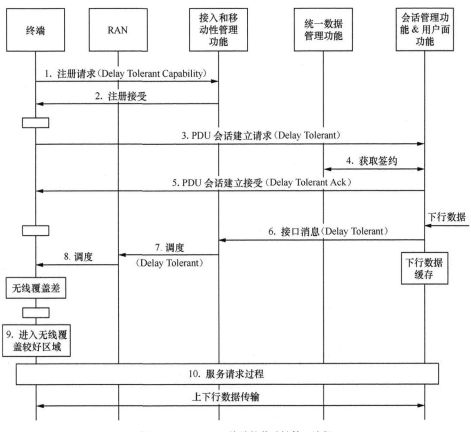

图 3-18　MO Only 终端的移动性管理流程

终端在注册到网络后，在 PDU 会话建立过程中向 SMF 指示所建立的 PDU 会话用于传输时延容忍类业务的数据。基于该指示，若 SMF 确定允许终端建立此 PDU 会话，则 SMF 在 PDU 会话建立接收消息中向终端确认该 PDU 会话上

的业务数据可以被延迟发送。

当终端所建立的 PDU 会话上有下行数据需要传输时，SMF 基于 PDU 会话的延迟传输属性，在发往 AMF 的接口消息中指示终端存在延迟传输的下行数据，并且指示 UPF 缓存下行数据。若终端处于空闲态，AMF 根据 SMF 提供的指示以及终端的能力，确定在寻呼消息中携带时延容忍指示。终端在收到寻呼消息后，根据寻呼消息中的指示和当前所处的无线覆盖质量，确定是否立刻响应。若终端当前所处位置的无线覆盖较差，则终端可以不立刻响应寻呼，而是启动延迟传输定时器，并在进入更好的无线覆盖区域后或定时器超时后，再发起服务请求过程。终端在定时器超时或者进入无线覆盖好的区域后，将发起服务请求过程恢复数据传输路径，以传输该 PDU 会话上的上下行数据。

2. NAS 层拥塞控制

接入到 5G 网络的海量物联网终端会产生大量的信令，尤其是在大量终端突发式接入或者发起业务请求时，特别容易造成信令风暴。因此，为了支持海量物联网业务，5G 网络必须支持 NAS 层的拥塞控制。目前，3GPP 定义的 NAS 层拥塞控制分为以下几种：针对所有 NAS 信令消息的通用 NAS 层拥塞控制、基于数据网络名称的拥塞控制、基于 S-NSSAI 的拥塞控制以及针对特定终端群组的拥塞控制 [10]。当 NAS 层拥塞控制机制启动后，AMF 或 SMF 会向终端发送退避定时器，阻止终端发起 NAS 请求。为了避免大量收到退避定时器的终端在相对集中的时间内再次发起 NAS 请求，发送给终端的退避时间需要随机化。当终端收到包含退避定时器的 NAS 拒绝消息后，启动定时器。在定时器超时之前或者终端收到网络呼叫之前，终端不能发起任何被退避定时器所阻止的 NAS 信令，但是，如果终端发起更高优先级的 NAS 信令，即高于被拒绝 NAS 信令消息的优先级时，则不会被阻止。

通用 NAS 层拥塞控制通常在 AMF 发生过载时启用，此时 AMF 可能会拒绝终端的注册请求或移动性管理信息。当终端的 NAS 请求被拒绝时，AMF 会在拒绝消息中携带移动性管理退避定时器值。AMF 还需要在终端上下文中保存发送给终端的退避时间值，在保存的退避时间超时之前，接入和移动性管理功能可以直接拒绝终端的 NAS 请求。如果 AMF 分配的退避定时器值大于终端的周期性注册更新定时器值和隐式去注册定时器值，则 AMF 需要调整移动可达定时器和隐式去注册定时器，以避免将启动移动性管理退避定时器的终端从网络中去注册。终端去注册后仍然保持退避定时器运行。当终端同时通过 3GPP 接入和非 3GPP 接入注册到网络时，若终端收到寻呼或者从非 3GPP 接入收到通知消息，则需要停止移动性管理退避定时器，并发起服务请求或者移动性注册更新请求。移动性管理退避定时器不会影响现有的小区选择、接入技术选择以及移动网络选择过程。同样，小区或接入技术改变也不会停止移动性管理定时器，但是如果新选择的移动网络不是原网络的等价网络，则终端可以停止退避定时器。

　　基于数据网络名称的拥塞控制主要用于避免和处理与特定数据网络名称相关的 NAS 信令拥塞，该拥塞控制可以由 SMF 或 AMF 来执行。在执行基于数据网络名称的拥塞控制时，SMF 可以拒绝到拥塞数据网络名称的 PDU 会话建立或修改请求，并且在拒绝消息中携带退避定时器值和相关的数据网络名称，或者 SMF 也可以直接发送携带退避定时器值的 PDU 会话释放请求消息给终端。AMF 也可以根据 OAM 的配置启动基于数据网络名称的拥塞控制。当 AMF 收到携带会话管理消息的 NAS 传输消息且会话管理消息与拥塞数据网络名称相关时，AMF 向终端发送 NAS 传输错误消息，并在消息中携带退避定时器值和相关的数据网络名称。终端根据收到的退避定时器值启动会话管理退避定时器，定时器启动后，不会因为小区、接入技术或网络的改变而停止。若终端启动的退避定时器与特定的数据网络名称相关，则终端不能发起任何与该数据网络名称相关的 NAS 信令，并且在移动到 LTE 网络后，也不能发起到对应接入点名称的会话管理过程。在定时器运行期间，如果终端收到网络发出的与拥塞数据网络名称相关的会话管理请求，则终端停止相关的会话管理退避定时器并响应网络。

　　基于 S-NSSAI 的拥塞控制主要用于避免和处理与特定 S-NSSAI 相关的NAS 信令的拥塞，该拥塞控制机制也可以由 SMF 或 AMF 执行。在执行基于

S-NSSAI 的拥塞控制时，SMF 可以拒绝到拥塞 S-NSSAI 的会话管理请求，并且在拒绝消息中携带退避定时器值和相关的 S-NSSAI，或者 SMF 可以直接发送携带退避定时器值和拥塞 S-NSSAI 的 PDU 会话释放请求消息给终端。此外，SMF 还可能在向终端提供退避定时器值和相关的 S-NSSAI 的同时，提供拥塞数据网络名称，此时的拥塞控制机制则变成 S-NSSAI 每数据网络名称的粒度。基于 S-NSSAI 的拥塞控制机制也仅适用于控制平面会话管理信令，因此，并不阻止终端发起服务请求过程来激活与该 S-NSSAI 相关的 PDU 会话的用户面连接。

基于群组的拥塞控制主要适用于一个特定组的终端，目前 5G 网络中尚未支持。

3.4.2 针对低时延高可靠通信的移动性管理增强

5G 网络需要支持更加丰富的业务场景，包括对传输时延和可靠性要求严格的垂直行业应用，例如，工业互联网、车联网等。因此，3GPP 在 5G 需求研究阶段就制定了关于时延和可靠性的性能指标，并且在 R16 阶段成立了针对 5G 低时延高可靠场景的研究项目 [22]。该研究项目以在终端和数据网络之间保证低于 5 ms 的传输时延、保证 99.999% 的传输可靠性以及低于 100 μs 的抖动为实现目标。

在低时延高可靠通信技术的研究中，如何降低终端移动对端到端时延和抖动的影响是关键问题之一。根据现有的技术发展趋势看，3GPP 可能会通过接入网移动性增强技术降低切换时延和传输时延，使用冗余 PDU 会话或空口连接保证通信的可靠性，增强用户面锚点变更机制来支持业务内容重定位、传输路径切换、数据中转等。

| 3.5 移动中继相关的移动性管理 |

通过移动中继进行通信的场景在 5G 网络中占有重要比重，常见的通信场景包括车联网通信、无人机基站、个域网等。因此，5G 网络中将会支持移动中继技术。

　　5G 网络中将会存在两种类型的移动中继，一种是 3GPP 在 R10 阶段研究的用于扩展无线网络的覆盖范围的传统中继[23]；另一种是利用终端直接通信辅助终端接入网络的邻近通信中继[24]。第一种中继位于终端和 RAN 节点之间，为终端提供无线接入的同时，通过 LTE 无线空口建立到 RAN 的无线回传连接，因此，这类中继可以看成移动基站。终端通过此类中继接入网络时，不会感知到中继的存在，所以终端也不需要任何增强。这种类型的中继通常适用于高速交通工具，如高铁、飞机等。邻近通信中继主要用于向邻近通信终端提供数据转发的中转服务，较常见的是 IP 层和无线链路控制层的中继，本节主要讨论此类中继。

3.5.1　移动中继的发现和选择

　　无论邻近通信中继是无线链路控制层的中继还是 IP 层的中继，都可以采用同样的移动中继发现过程，区别在于中继类型的指示不同，例如，中继服务类型分别设为层二中继和层三中继。目前，移动通信网络中支持两种模式的移动中继发现和选择：广播模式和请求应答模式。其中，请求应答模式仅用于终端到网络的中继发现。

　　第一种是广播模式，该模式下的移动中继发现过程如图 3-19 所示。

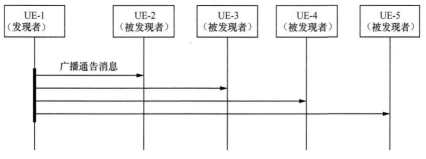

图 3-19　广播模式下的移动中继发现过程

当广播终端作为终端到网络的中继时，移动中继通过广播消息向周围的终端发送终端到网络中继发现通告消息，消息中指示中继终端的设备标识和用户标识、中继的类型、能够支持的业务类型、能够使用该中继的目标授权用户的标识信息，以及指示安全策略的信息等。

当广播终端作为终端到终端的中继时，邻近通信中继通过广播消息向周围的终端发送中继发现额外消息，消息中携带中继的设备标识、用户信息、组标识、中继所在的小区标识等。中继周围的终端通过接受广播消息，以及解析广播消息的内容，确定该中继是否能够提供所需的服务。

第二种是请求应答模式，该模式下的移动中继发现过程如图 3-20 所示。

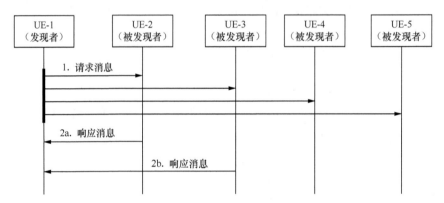

图 3-20　请求应答模式下的移动中继发现过程

当终端需要寻找接入到网络的中继时，终端首先通过广播消息发出请求消息，消息中携带本终端的信息以及感兴趣的连接信息（用于中继节点确定是否能够提供连接服务），消息中还可能指定希望接入的移动中继的标识信息。

当终端周围的移动中继收到该终端的请求消息后，通过解析消息中携带的终端感兴趣的连接的信息以及可能的移动中继标识，确定是否向终端发送响应消息，响应消息中携带中继的标识信息和所应答终端的信息。

3.5.2　移动中继的连接建立

为了传输被中继终端的流量，中继节点首先要附着到网络，如果该中继节

点还未建立用于传输被中继数据流的会话连接，则该中继节点还需要请求建立
一条能够传输被中继数据流的会话连接或者额外的一条会话连接。这样的会话
连接只用于传输被中继终端的被中继数据流，如图 3-21 所示。

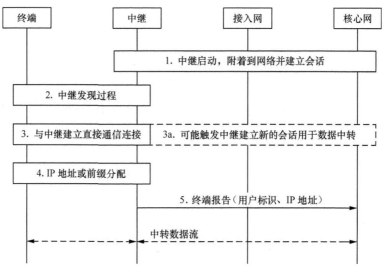

图 3-21　通过终端到网络的中继进行通信

终端和中继建立直接通信连接的过程中，可通过前缀委派功能从网络获得
该中继的 IPv6 前缀。远端终端与终端到网络的中继建立直接通信连接之后，须
保持测量中继发出的邻近发现消息（广播模式下的广播消息或者请求应答模式
下的响应消息）的信号强度，从而能够进行中继的重选。当终端和中继之间的
直接通信连接断开时，中继需要向核心网报告终端已经离开。

| 3.6　小结 |

移动性管理是移动通信网络中的本质特性，在保证移动用户的业务可达
性和通信连续性方面具有重要作用。传统移动通信网络中的移动性管理机制
较为单一，难以应对 5G 中复杂多样的通信场景。因此，5G 移动性管理需具

备按需定制的特征，能够根据具体的通信场景中终端的移动性特征提供按需的移动性支持。

本章首先介绍了 5G 网络所面对的多样化通信场景，进而指出 5G 网络需要能够针对不同通信场景的特征提供按需移动性管理，具体的移动性管理差异主要体现在接入控制、安全机制、移动性状态管理、可达性管理、位置管理等方面。在接入控制方面，RAN、AMF 及 SMF 分别在不同层次上实现对终端接入的控制；在安全管理方面，网络切片外和网络切片内可分别进行安全认证；在移动性状态管理方面，5G 网络引入了新的状态机，并实现了终端移动性状态定制；在可达性管理方面，5G 网络可针对不同终端执行不同的移动性限制；在位置管理方面，5G 网络充分考虑了不同类型终端的移动性特征和业务特征来优化位置管理机制，如寻呼优化。除此之外，本章还简要介绍了 UDN 网络中的移动性管理、物联网通信中的移动性管理增强和移动中继相关的移动性管理增强。

5G 第一阶段的网络架构主要服务于智能终端，因此，网络中的移动性管理机制需具备较为完备的移动性管理功能集。然而未来 5G 网络还将服务于物联网场景和低时延高可靠场景，这些场景会有不同的移动性支持需求。因此，未来的 5G 网络需要根据场景特点智能化定制或增强 5G 中的移动性管理功能，例如，保持终端在连接态以降低接入时延、增强切换机制以减少数据传输的时延和抖动等，真正实现基于终端移动性特征和业务特征的智能定制。

| 参考文献 |

[1]　陈山枝, 时岩, 胡博 . 移动性管理理论与技术 [M]. 北京 : 电子工业出版社, 2007.

[2]　陈山枝, 时岩, 胡博 . 移动性管理理论与技术的研究 [J]. 通信学报, 2007, 28(10): 123-133.

[3]　3GPP, TS 23.401. General Packet Radio Service (GPRS) Enhancements for Evolved Universal Terrestrial Radio Access Network (E-UTRAN) Access [S].

[4]　Nguyen V M, Chen C S, Thomas L. Handover Measurement in Mobile Cellular Networks: Analysis and Applications to LTE[A]. //IEEE International Conference on Communications[C]. Kyoto: IEEE, 2011:1-6.

[5]　ITU-R.Report M.2083-0, IMT Vision - Framework and Overall Objectives of the Future Development of IMT for 2020 and Beyond [R].ITU, 2015.

[6]　WANG H C, CHEN S Z, AI M, et al. Mobility driven network slicing (MDNS)-An enabler of on demand mobility management for 5G [J]. The Journal of China Universities of Posts and Telecommunications, 2017, 24(4):16-26.

[7]　Yegin A, Kweon K, Lee J, et al. On demand mobility management [EB/OL].

[8]　3GPP, TR 22.891. Feasibility study on new services and markets technology enablers [R]. 2015.

[9]　3GPP, TR 23.791. Study of enablers for network automation for 5G [R]. 2018.

[10]　3GPP, TS 23.501. System architecture for the 5G system [S].

[11]　3GPP, TS 23.502. Procedures for the 5G system [S].

[12]　3GPP, TS 33.501. Security architecture and procedures for 5G system [S].

[13]　3GPP, TR 23.799. Study on architecture for next generation system [R]. 2016.

[14]　Gotsis A, Stefanatos S, Alexiou A. Ultra Dense Networks: the New Wireless Frontier for Enabling 5G Access[J]. IEEE Vehicular Technology Magazine, 2016, 11(2):71-78.

[15]　3GPP, TR 36.842. Study on Small Cell Enhancements for E-UTRA and E-UTRAN; Higher Layer Aspects [R]. 2013.

[16]　WANG H C, CHEN S Z, Ai M, et al. Localized Mobility Management for

5G Ultra Dense Network[J]. IEEE Transactions on Vehicular Technology, 2017, 66(9):8535-8552.

[17] CHEN S Z, QIN F, HU B, et al. User-centric Ultra-dense Networks for 5G: Challenges, Methodologies, and Directions[J]. IEEE Wireless Communications, 2016, 23(2):78-85.

[18] Pacheco-Paramo D, Akyildiz I F, Casares-Giner V. Local Anchor based Location Management Schemes for Small Cells in HetNets[J]. IEEE Transactions on Mobile Computing, 2016, 15(4):883-894.

[19] 3GPP, TS 36.300. Evolved Universal Terrestrial Radio Access (E-UTRA) and Evolved Universal Terrestrial Radio Access Network (E-UTRAN); Overall Description; Stage 2 [S].

[20] Chen S Z, Qin F, Hu B, et al. 5G Requirement and UDN[M]. Springer, 2017.

[21] 3GPP, TR 23.724. Study on Cellular IoT Support and Evolution for the 5G System [R]. 2018.

[22] 3GPP, TR 23.725. Study on Enhancement of URLLC Supporting in 5G CN[R]. 2018.

[23] 3GPP, TR 36.836. Mobile Relay for E-UTRA [R]. 2012.

[24] 3GPP, TR 23.733. Study on Architecture Enhancements to ProSe UE-to-Network Relay [R]. 2017.

第 4 章

5G 会话管理

在移动通信网络中，会话管理主要用于在终端和会话锚点之间创建、修改和删除会话连接，涉及移动性锚点或会话锚点的选择和管理，因此，它是广义移动性管理的组成部分[1]。在传统移动通信网络中，由于服务的通信场景比较单一，网络可以采用能力/属性相对统一的会话连接来提供服务。然而在 5G 网络中，不同的业务场景具有不同的通信特点，从而需要采用具备不同属性的会话连接提供服务。因此，本章介绍了 5G 网络中的新型会话管理技术。

| 4.1　按需会话管理 |

由于 5G 网络中的业务类型多样性、业务特征差异性以及流量模型的区别，网络无法通过统一属性的会话连接来提供服务。因此，5G 网络中的会话管理需要从会话的类型、会话的连续性模式、会话的锚点类型等多个方面区分会话连接，并实现根据具体场景对会话连接的需求而创建相应的会话连接，从而构建会话管理基础模型 [2]。

5G 网络中的会话管理以协议数据单元（PDU，Protocol Data Unit）会话为粒度，PDU 会话用于 5G 系统在终端和数据网络名称标识的数据网络之间提供 PDU 连通性服务，即支持在终端和数据网络之间进行 PDU 交换。数据网络名称标识的数据网络既可能是位于运营商数据中心的网络，也可能是位于本地或者网络边缘的数据网络，例如，本地区域数据网络，即仅在特定的服务区域内有效的数据网络。PDU 会话的连接包括终端与会话管理功能（SMF）之间的信令连接和终端与用户面功能（UPF）之间的用户面连接。

　　图 4-1 给出了 5G 网络中 PDU 会话管理的基础模型。在该模型中，PDU 会话主要根据 PDU 会话的特征属性进行区分，主要特征属性包括会话类型、会话的连续性模式、会话锚点类型、所属网络切片等。PDU 会话的会话类型可以分为 IP 类型 PDU 会话、以太网类型 PDU 会话以及非结构化类型的 PDU 会话，PDU 会话的类型主要由终端确定。PDU 会话的连续性模式主要有 3 种：连续性模式 1、连续性模式 2 和连续性模式 3。PDU 会话的会话连续性模式由终端确定，会话锚点类型主要分为位于运营商数据中心的会话锚点和本地的会话锚点。所属网络切片指建立该 PDU 会话的网络切片。

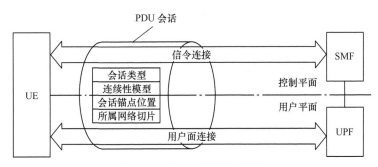

图 4-1　PDU 会话管理基础模型

　　根据以上模型，5G 网络中的按需会话管理是指根据终端的请求、用户的签约以及网络的策略等，为终端按需提供不同的 PDU 会话服务。不同的 PDU 会话服务的差别主要体现在 PDU 会话属性的不同，主要包括会话类型、会话的连续性模式、会话锚点位置、会话所属的网络切片等。

4.1.1　PDU 会话的重要属性

　　5G 系统中 PDU 会话的主要属性包括网络切片信息、数据网络名称、PDU 会话类型、会话 / 业务的连续性模式、PDU 会话标识等，其中，网络切片信息由单一网络切片选择辅助信息（S-NSSAI）表示，具体的 PDU 会话属性的含义见表 4-1。

表 4-1　PDU 会话属性的含义

PDU 会话属性	属性参数的含义
S-NSSAI	用于选择 PDU 会话所属的网络切片以及和数据网络名称一起选择服务所建立 PDU 会话的会话网络功能
数据网络名称	用于和 S-NSSAI 一起选择服务所建立 PDU 会话的会话网络功能
PDU 会话类型	指示所建立的 PDU 会话的类型，可以为 IPv4、IPv6、IPv4v6 双栈、以太网类型或者非结构化类型
会话/业务连续性模式	指示所建立的 PDU 会话的类型
PDU 会话 ID	标识所建立 PDU 会话，该标识由 UE 分配

在这些属性中，S-NSSAI、PDU 会话类型和会话/业务连续性模式是 PDU 会话的重要属性，由于网络切片相关章节中已经介绍了 S-NSSAI 的含义，因此，以下将重点介绍 PDU 会话类型和会话/业务连续性模式。

1. PDU 会话的类型

5G 系统中 PDU 会话的类型分为 3 种：IP 类型、以太网类型和非结构化类型。

在 IP 类型的 PDU 会话中，5G 网络中的 SMF 为终端分配 IP 地址，IP 地址类型可分为 IPv4 和 IPv6 两种。对于 IPv4 类型的 PDU 会话或非 IPv6 多宿主类型的 PDU 会话，只有一个 UPF 作为 PDU 会话的用户面锚点，而 IPv6 多宿主类型 PDU 会话可以有多个用户面锚点。

对于以太网类型的 PDU 会话，SMF 和作为用户面锚点的 UPF（连接数据网络的用户面功能）须支持与以太网帧传输相关的特定行为，例如，SMF 请求用户面锚点来代理地址解析协议或者 IPv6 邻居请求；用户面功能存储从终端接收到的 MAC 地址，并将其关联到合适的 PDU 会话。在以太网类型的 PDU 会话中，网络不会为终端分配 MAC 地址和 IP 地址。但是当本地局域网中的设备通过 5G 终端连接至 5G 网络时，可能会被数据网络分配一个 IP 地址。此时，该设备的 IP 层会被 5G 网络认为是应用层，而不是以太网 PDU 会话的协议层。当以太网类型 PDU 会话通过数据网络授权后，数据网络中的鉴权、认证和授权服务器（AAA Server）可能向 SMF 提供该 PDU 会话允许的 MAC 地址列表，该列表最多包含 16 个 MAC 地址。SMF 根据此列表在 PDU 会话的用户面锚点上设置相应的过滤规则，使锚点 UPF 据此规则丢弃源 MAC 地址不在该列表中的上行流量。

非结构化类型的 PDU 会话主要用于小数据传输，当通过 N6 接口向数据网络发送非结构化类型的数据时，5G 网络和数据网络之间可使用不同的点到点隧道技术。基于 UDP/IP 封装的点到点隧道技术是可行技术之一。无论在锚点 UPF 和数据网络间使用哪种寻址方案，UPF 都应能够将在 5G 网络和数据网络之间使用地址与 PDU 会话进行映射。当使用基于 UDP/IPv6 的点到点隧道时，SMF 须为 PDU 会话分配 IPv6 前缀，但不需要将该前缀发送给终端。UPF 在终端和数据网络内的目的节点之间透明地转发数据。发送上行数据时，UPF 使用 UDP/IPv6 封装机制将自身接收到的非结构化类型数据通过点到点隧道发送到数据网络内的目的节点；发送下行数据时，数据网络中的目的节点使用 UDP/IPv6 封装发送非结构化类型数据，封装时其使用的是 PDU 会话的 IPv6 地址和由 3GPP 为非结构化类型 PDU 会话定义的 UDP 端口。PDU 会话的锚点 UPF 解封装其接收到的数据（删除 UDP/IPv6 头），根据 IPv6 地址识别 PDU 会话，并将解封装后的数据转发至终端。

2. 会话/业务的连续性模式

为了满足终端不同业务应用的连续性要求，5G 网络引入对会话/业务连续性模式的支持。

5G 网络中引入的会话连续性模式由互联网工程任务组 IETF 提出"按需移动性管理"概念中的 IP 地址类型引申而来 [3]。IETF 提出在终端移动过程中，IP 地址类型可以分为 3 类；固定 IP 地址、IP 会话期间持续保持的 IP 地址以及游牧类型的 IP 地址。3GPP 也定义了 3 种会话/业务连续性模式 [4]。

（1）会话/业务连续性模式 1：网络一直保持提供给终端的连接服务，对于 IPv4 或者 IPv6 类型的 PDU 会话，会保持 IP 地址不变。

（2）会话/业务连续性模式 2：网络可释放到终端的连接服务和相应的 PDU 会话，对于 IPv4 或者 IPv6 类型的 PDU 会话，网络可释放已分配给终端

的 IP 地址。

（3）会话 / 业务连续性模式 3：改变用户面对终端可见，但网络须确保终端能获得无损的连接服务，因此，在已有的连接释放之前，网络须为终端建立通过到新 PDU 会话用户面锚点的连接，从而保证终端的业务连续性。在锚点的重定位过程中，对于 IPv4 或者 IPv6 类型的 PDU 会话，允许 IP 地址改变。

从上述定义可知，会话 / 业务连续性模式和 IETF 定义的 IP 地址类型之间存在一定的对应关系。会话 / 业务连续性模式可应用到任一 PDU 会话类型和接入类型。

对于会话 / 业务连续性模式 1 的 PDU 会话，在 PDU 会话建立后，无论终端后续采取什么接入技术（如接入类型）接入网络中，所选择的作为 PDU 会话锚点的 UPF 一直保持。并且，无论终端发生什么移动性事件，IPv4 或者 IPv6 类型的 PDU 会话的 IP 地址始终保持不变。在 R15 中，当会话 / 业务连续性模式 1 的 PDU 会话启用了 IPv6 多宿主或者上行分流器，且网络为该 PDU 会话分配（基于本地策略）了额外的 PDU 会话锚点时，额外的 PDU 会话锚点可能会被释放或者重分配。在此 PDU 会话生命期内，终端的 IPv6 地址前缀可能发生变化。

对于会话 / 业务连续性模式 2 的 PDU 会话，如果仅有一个 PDU 会话锚点，则网络可能触发 PDU 会话的释放并指示终端立即建立一个到同一数据网络的新 PDU 会话。触发条件可以是基于应用功能的请求或者基于网络负载情况等。在建立新 PDU 会话时，网络可能会选择一个新的 UPF 作为用户面锚点。

对于会话 / 业务连续性模式 3 的 PDU 会话，网络允许终端在释放与已有 PDU 会话锚点之间的连接前，通过新的 PDU 会话锚点建立到相同数据网络的连接。在 PDU 会话锚点变更过程中，若发生 IP 地址改变，则网络会在为终端分配新 IP 地址 / 前缀之后，继续保持原有的 IP 地址 / 前缀一段时间（此时间是由网络决定，并发送给终端）。如果会话 / 业务连续性模式 3 的 PDU 会话有多个 PDU 会话锚点（PDU 会话为 IPv6 多宿主 PDU 会话或者使用了上行分流器的 PDU 会话），则额外的 PDU 会话锚点可能被释放或者重分配。

5G 网络中的会话 / 业务连续性模式与 PDU 会话关联，且在 PDU 会话的生命期内不改变。

4.1.2　PDU 会话的建立

在 5G 网络中，必须由终端发起 PDU 会话的建立。在 PDU 会话建立请求中，终端须提供用于唯一标识终端 PDU 会话的 PDU 会话标识、PDU 会话类型、S-NSSAI、数据网络名称、业务与会话连续性模式等。如果终端没有提供这些参数，则网络须基于用户签约中的缺省信息来决定相关参数。

通过多种接入技术注册到网络中的终端须选择通过某种接入来建立 PDU 会话。终端也可以同时通过 3GPP 接入和非 3GPP 接入来建立到相同数据网络或者不同数据网络的多个 PDU 会话。在建立到相同数据网络的多个 PDU 会话时，网络可选择不同的 SMF 来进行 PDU 会话管理，以及不同的用户面会话锚点来为终端提供传输服务。因此，在核心网侧，同一个终端的不同 PDU 会话的用户面路径可能完全不相交。

5G 网络中由 SMF 控制 PDU 会话的建立。为了检查终端请求是否与用户签约信息一致，SMF 需要从统一数据管理功能获取相关的签约信息和订阅相关的签约信息更新通知。SMF 获取的签约信息可以数据网络名称的粒度或者数据网络名称加 S-NSSAI 的粒度呈现。具体的签约信息包括允许和缺省 PDU 会话类型、允许和缺省的会话 / 业务连续性模式、QoS 信息、静态 IP 地址 / 前缀等。

5G 网络也能够触发终端建立特定的 PDU 会话。当某些应用服务器需要与终端建立通信连接时，可通过 5G 核心网发送触发消息到终端，触发终端上的特定应用。终端接收到该触发消息时，将把此消息传递到其识别的应用程序。此应用程序可能建立到某个特定数据网络名称的 PDU 会话。

1. 会话管理功能的选择

在 PDU 会话建立过程中,接入和移动性管理功能(AMF)负责 SMF 的选择,AMF 通过使用终端提供的 S-NSSAI 和数据网络名称或者缺省信息查询网络服务发现功能(NRF)来选择合适的 SMF。NRF 会向 AMF 返回一个或多个 SMF 实例的 IP 地址或者域名,此时 AMF 须根据用户签约信息、运营商的本地策略和候选 SMF 的负载情况等选择合适的 SMF 实例。

若 UE 处于漫游状态,由拜访地的 AMF 来选择 SMF。在归属地路由方式的漫游场景下,AMF 既要选择拜访网络内的 SMF,还要选择归属网络内的 SMF。若所选择的拜访网络内的 SMF 无法处理 PDU 会话建立请求,则 AMF 可采用归属地路由方式来处理 PDU 会话建立请求,即 AMF 再次选择拜访网络内的 SMF 和归属网络内的 SMF 来处理 PDU 会话建立请求。

无论 UE 使用 3GPP 接入还是非 3GPP 接入,AMF 都使用相同的 SMF 选择功能。在 PDU 会话建立过程中,如果 AMF 发现终端已经存在一个使用相同数据网络名称和 S-NSSAI 的 PDU 会话,则 AMF 应该选择已有 PDU 会话的 SMF 来建立新的 PDU 会话。

2. 用户面功能的选择

在 5G 网络中,SMF 负责 UPF 的选择 / 重选。在选择 UPF 时,SMF 需要考虑以下信息:UPF 的动态负载、UPF 的部署位置(集中部署的 UPF、边缘部署的 UPF 等)、连接到相同数据网络的 UPF 性能、终端位置信息、UPF 的容量和能力、数据网络名称、PDU 会话类型、该 PDU 会话所支持的会话 / 业务连续性模式、从统一数据管理功能处获取的终端签约数据、流量路由的目的地(如应用服务器的位置)、运营商策略和网络切片相关信息。

如果 SMF 在选择 UPF 时,发现终端已经建立了一条使用相同数据网络名称和 S-NSSAI 的 PDU 会话,则 SMF 须选择已有 PDU 会话的锚点 UPF 作为新建 PDU 会话的用户面锚点。

3. 会话 / 业务连续性模式确定

终端首先基于网络提供的会话 / 业务连续性模式选择策略确定会话 / 业务连

续性模式。运营商向终端提供的会话 / 业务连续性模式选择策略中不仅包括一个或者多个会话 / 业务连续性模式确定的特定规则，还可能包括与终端所有应用相匹配的缺省会话或业务连续性模式选择的通配规则。运营商可随时更新提供给终端的会话 / 业务连续性模式选择策略。

当终端上的应用请求数据传输并且应用本身没有指示所需的会话 / 业务连续性模式时，终端需要根据会话 / 业务连续性模式选择策略来决定应用所需的会话 / 业务连续性模式。然而，如果终端已经建立了一条与该应用所需会话或业务连续性模式相匹配的 PDU 会话，则终端应重用该 PDU 会话传输数据报文，除非终端不允许使用该 PDU 会话。

终端在请求建立新的 PDU 会话时，如果会话 / 业务连续性模式选择策略中既没有与此应用相匹配的特定会话 / 业务连续性模式选择规则，又没有缺省的会话 / 业务连续性模式选择规则，则终端可以不提供会话或业务连续性模式。此时由网络决定此 PDU 会话的会话 / 业务连续性模式。

网络中的 SMF 负责确定 PDU 会话的会话 / 业务连续性模式。SMF 首先从终端的签约数据中获取终端签约的各数据网络名称和 S-NSSAI 所支持的会话 / 业务连续性模式列表和缺省的会话 / 业务连续性模式。如果终端在 PDU 会话建立请求中提供了会话或业务连续性模式，则 SMF 基于签约和 / 或本地配置，可接受或修改请求的会话或业务连续性模式，或者拒绝终端的请求。如果终端在 PDU 会话建立请求中没有提供会话或业务连续性模式，则 SMF 可根据签约信息选择缺省的会话 / 业务连续性模式，或者根据本地配置选择合适的连续性模式。

4. IP 地址管理

5G 网络中 IP 地址管理包括为终端分配和释放 IP 地址，以及更新已分配的 IP 地址。

网络基于终端请求的 PDU 会话的类型进行地址分配。终端首先根据自身的 IP 协议栈能力在 PDU 会话建立请求中设置请求的 PDU 会话类型：支持 IPv6 和 IPv4 的终端应将请求的 PDU 会话类型设置为 "IP"；只支持 IPv4 的终端应将请

求的 PDU 会话类型设置为 "IPv4"; 只支持 IPv6 的终端应将请求的 PDU 会话类型设置为 "IPv6"; 当终端不知道自身支持的 IP 版本能力时 (当移动终端和终端设备分离时, 移动终端无法获得终端设备的能力), 终端应将请求的 PDU 会话类型设置为 "IP"。

网络中的 SMF 为 PDU 会话进一步确定 PDU 会话类型。如果 SMF 接收到 PDU 会话类型为 "IP" 的请求, 则 SMF 根据数据网络名称配置和运营商策略选择 "IPv4" 或 "IPv6"。如果在 SMF 接受请求, PDU 会话类型为 "IPv4" 或 "IPv6", 且数据网络支持所请求的 IP 版本, 则 SMF 接受所请求的 PDU 会话类型。如果数据网络不支持所请求的 IP 版本, SMF 可拒绝终端的请求并通知终端不应请求网络所不允许的 IP 版本。

SMF 根据所确定的 PDU 会话类型管理 IP 地址。如果选择了 IPv4 PDU 会话类型, 则向终端分配一个 IPv4 地址。类似的, 如果选择了 IPv6 PDU 会话类型, 则分配一个 IPv6 前缀。在漫游场景中, 由控制 PDU 会话用户面 IP 锚点的会话管理功能负责 IP 地址管理。

IP 地址分配可发生在 PDU 会话建立过程中也可以在 PDU 会话建立之后。在 PDU 会话建立过程中, SMF 通过会话管理非接入层 (NAS) 消息向终端发送 IP 地址。在建立 PDU 会话之后, 5G 网络使用 DHCPv4 分配 IPv4 地址和配置 IPv4 参数, 或者通过 IPv6 无状态自配置机制分配 /64 IPv6 前缀和配置 IPv6 参数。为了支持基于 DHCP 的 IP 地址配置, SMF 需要 "扮演" DHCP 服务器的角色。当使用外部数据网络的 DHCP 分配 IP 地址和配置参数时, SMF 需要 "扮演" DHCP 客户端的角色。

为了使用 DHCPv4 分配 IP 地址, 终端须在协议配置选项中向网络指示通过 DHCPv4 获取 IPv4 地址 [5]。当 5G 核心网支持 DHCPv4 并允许通过 DHCPv4 分配 IPv4 地址时, 5G 核心网可不在 PDU 会话建立过程中向终端提供 IPv4 地址, 而在响应消息中将 IPv4 地址设为 0.0.0.0。这样在 PDU 会话建立过程完成后, 终端使用与 5G 核心网建立的连接来获取 IPv4 地址。如果终端没有指示 IP 地址分配方式, 则 SMF 基于数据网络名称配置确定是否使用 DHCPv4。

当 SMF 确定为使用无状态 IPv6 地址自配置方式为终端分配 IPv6 地址时，那么在 PDU 会话建立之后，终端向 SMF 发送路由请求消息来请求路由广播。然后 SMF 向终端发送包含 IPv6 前缀的路由广播消息。在接收到路由广播消息之后，终端通过 RFC 4862 定义的 IPv6 无状态地址自配置机制来构造完整的 IPv6 地址 [6]。为确保终端产生的链路本地地址与 UPF 和 SMF 的链路本地地址不冲突，SMF 应向终端提供接口标识符，而且终端必须使用该接口标识符来配置链路本地地址。除了链路本地地址，终端可选择任意的接口标识符来产生 IPv6 地址，且不需要网络参与，但是终端不应使用 3GPP TS 23.003 定义的标识符来生成接口标识符 [7]。为保护隐私，终端可在没有网络参与的情况下改变接口标识符。SMF 通知给终端的任何前缀都是全球唯一的，因此，终端无须为任何 IPv6 地址执行重复地址检测。

5G 网络中也可根据统一数据管理功能中的签约信息或网络配置信息来分配静态 IPv4 地址和 / 或静态 IPv6 前缀。如果统一数据管理功能中存储了静态 IP 地址 / 前缀，则在建立 PDU 会话的过程中，SMF 从统一数据管理功能中获取该静态 IP 地址 / 前缀，然后将该 IP 地址 / 前缀发送给终端。IP 地址分配的方式对终端透明。

当终端有 IPv6 多宿主 PDU 会话时，终端根据预配的或从网络接收到的路由规则选择源 IPv6 前缀。从网络接收到的路由规则的优先级高于预配在终端中的规则。SMF 可根据本地配置或从策略控制功能接收到的动态策略确定终端的路由规则。在 IPv6 多宿主 PDU 会话生命期的任何时刻，SMF 可通过 IPv6 路由广播消息向终端发送路由规则。

5. 核心网隧道信息管理

核心网隧道信息指的是 PDU 会话中 N3（RAN 和 UPF 之间）隧道或 N9（UPF 之间）隧道的网络地址。核心网隧道信息由隧道端点标识和 IP 地址组成。基于运营商配置，在 PDU 会话建立或释放时，由 SMF 或 UPF 负责核心网隧道信息的分配和释放。

根据运营商配置，如果由 SMF 执行核心网隧道信息的分配和释放，须由

SMF 管理核心网隧道信息空间。SMF 在 PDU 会话建立时分配核心网隧道信息并向 UPF 提供所分配的核心网隧道信息，在 PDU 会话释放时释放核心网隧道信息并通知 UPF 所释放的核心网隧道信息。

根据运营商配置，如果由 UPF 执行核心网隧道信息分配和释放，UPF 应管理核心网隧道信息空间。在 PDU 会话建立时，SMF 应请求 UPF 分配核心网隧道信息，UPF 在响应消息中向会话管理功能提供所分配的核心网隧道信息。SMF 随后将接收到的核心网隧道信息提供给接入网。在 PDU 会话释放时，SMF 应请求 UPF 释放核心网隧道信息。

4.1.3 PDU 会话的服务质量

5G 网络中的服务质量（QoS）是基于 QoS 流粒度进行控制的。在一个 PDU 会话中，QoS 流是最小的 QoS 区分粒度，QoS 流的标识是 QFI(QoS Flow Identifier)。QFI 在一个 PDU 会话中是唯一的，一个 PDU 会话中具有相同 QFI 的用户面数据会受到相同的数据传输处理（如调度方式、接纳门限等）。数据包在 N3 和 N9 接口上传输时，须在原始数据外面的包头中打上 QFI。SMF 通过 PDU 会话建立流程或者 PDU 会话修改流程控制 QoS 流。

1. *5G 网络中的 QoS 参数*

PDU 会话中的 QoS 流可以分为保证比特率类型和不保证比特率类型。任何 QoS 流均具有 QoS 画像。每个 QoS 流的 QoS 画像包括 5G QoS 指示（5QI，5G QoS Identifier）和分配保留优先级（ARP，Allocation Retention Priority）。5QI 用于指向一组 5G QoS 特征，接入网会根据这些 QoS 特征控制数据包的转发处理，如调度权重、接入门限、队列管理、链路层配置等。标准化的 5QI 可以按 1:1 的比例映射到一组标准化的 QoS 特征。ARP 包括优先级、优先占有能力、允许优先占有等信息。优先级定义了资源请求的重要性，当资源受限时，接入网根据 ARP 决定接纳还是拒绝一个新的 QoS 流（主要用于保证比特率数据的接纳控制）。优先级的级别从 1 到 15，1 代表最高优先级。优先占有能力定义一个业务数据流是否可以从低优先级的业务数据流抢占资源。允许优先占有信息定义一个业务数据流是否允许高优先级的业务数据流抢占自己的资源。对于每个 PDU 会话，SMF 会从统一数据管理功能获得默认的 5QI/ARP，SMF 使用默认的 5QI/ARP 设置与默认 QoS 规则对应的 QoS 流参数。SMF 可以根据本地配置或者与策略控制功能的交互来改变默认的 5QI/ARP。

对于不保证比特率类型的 QoS 流，QoS 画像还可能包括反向映射 QoS 属性。反向映射 QoS 属性指示一个 QoS 流中至少有一部分数据会进行反向映射 QoS 控制。对于一个 QoS 流，只有当通过 N2 信令收到反向映射 QoS 属性后，接入网才会对这个 QoS 流启用空口的反向映射 QoS。对于一个 PDU 会话中的所有不保证比特率 QoS 流，存在一个聚合的最大比特率，即会话聚合最大比特率，用于控制一个 PDU 会话中所有不保证比特率 QoS 流进行数据传输时所能达到的最大速率，该速率基于一个标准的平均窗口进行测算。在统一数据管理功能中保存有签约的会话聚合最大比特率，SMF 可以直接将这个签约会话聚合最大比特率作为会话聚合最大比特率或者基于本地策略对其进行修改。SMF 也可以使用策略控制功能发送的授权会话聚合最大比特率作为会话聚合最大比特率[8]。SMF 会将会话聚合最大比特率发送给 UPF、终端和接入网。另外，一个终端中的所有不保证比特率 QoS 流，也存在一个聚合的最大比特率，即终端聚合最大比特率，用于控制一个终端中所有不保证比特率 QoS 流进行数据传输时所能达到的最大速率，终端聚合最大比特率同样基于一个标准的平均窗口进行测算。接入网将这个终端的有激活的用户面的 PDU 会话的会话聚合最大比特率相加，然后将其与签约的终端聚合最大比特率进行比较，选择较小的作为终端聚合最大比特率。

对于每个保证比特率类型的 QoS 流，QoS 画像必须包括保证流比特率和最大流比特率，保证流比特率代表保证 QoS 流期待的码率，最大流比特率代表这个保证比特率 QoS 流的最大允许的码率，超过最大流比特率的数据可能会被丢弃。保证的流比特率 / 最大流比特率会包括在 QoS 画像中在 N11 和 N2 接口上

传输。SMF 会从策略控制功能收到业务数据流级别的保证比特率 / 最大比特率，并通过 N4 接口发给用户面功能。另外，保证比特率类型的 QoS 流的 QoS 画像还可能包括通知控制（Notification Control）和应用于上下行数据的最大丢包率（在本版本中，最大丢包率仅用于语音类型的保证比特率 QoS 流）。通知控制指示接入网在保证的流比特率不能被满足时向 SMF 发送通知。对于一个保证比特率的 QoS 流，如果设置了通知控制且接入网判断保证的流比特率不能满足，接入网向 SMF 发送通知。接入网要继续保持这个 QoS 流，并且尽量尝试继续满足保证的流比特率。核心网从接入网收到通知后，核心网可能会发起 N2 信令修改或者释放这个 QoS 流。当空口条件好转又能满足保证的流比特率时，接入网向 SMF 发送新的通知指示保证的流比特率又可以满足了。一段时间后，接入网还可能再次发送通知指示保证的流比特率又不能满足了。最大丢包率指示一个 QoS 流对于上下行数据最大可以容忍的丢包率，在 R15 的 5G 系统中，仅适用于传输语音媒体数据的保证比特率类型 QoS 流。接入网可以使用这个参数确定切换门限。

标准化 5QI 所表征的 QoS 特征包括资源类型、优先级、期望时延、误码率、平均窗口和最大突发数据量。在使用非标准化的 5QI 时，非标准化 5QI 可能会指向一组需要信令传输的 QoS 特征，此时，QoS 画像需要包括这些 QoS 特征。

QoS 特征中的资源类型用于确定是否要为相应的 QoS 流分配专用的网络资源，例如，在基站上使用准入控制功能来保证 QoS 流的保证比特率。保证比特率的 QoS 流是由动态策略与计费控制策略根据需求授权进行控制的。不保证比特率的 QoS 流有可能会使用预配置的静态策略与计费控制策略进行控制。保证比特率资源类型又包括两种：普通的保证比特率和时延敏感的保证比特率。这两种保证比特率资源类型除了在期望时延和误码率的定义上有不同，其他处理都是一致的。接入网根据自己的资源状况可以释放任何 QoS 流，并向会话管理功能指示 QoS 流的释放。

QoS 特征中的优先级用于指示在多个 QoS 流之间调度资源的优先程度。既可用于区分一个终端的不同 QoS 流之间的调度，又可以用于区分不同终端的不同 QoS 流之间的调度。当所有的保证比特率 QoS 流的 QoS 需求都能得到满足时，剩余的资源可以根据基站的实现调度给任何其他数据。最小的优先级的值代表最高的优先级。优先级可以与标准化的 5QI 一起发送。

QoS 特征中的期望时延定义了一个数据包在终端和终结 N6 接口的锚点用户面功能之间传输的最大时长。对于一个给定的 5QI，期望时延对于上下行数据是一样的。对于 3GPP 接入，期望时延用于支持对调度和链路层功能的配置，如设置调度优先权重等。期望时延可以认为是一个端到端的时延软上限，98% 的数据满足这个上限即可，超过这个时延的数据并不会被丢掉，也不计算到误码率中。对于资源类型是时延敏感保证比特率的 QoS 流，传输时延超过期望时延的数据包被认为是丢包。对于不保证比特率的 QoS 流和保证比特率的 QoS 流的超过保证的流比特率的数据，不需要考虑期望时延测量。

QoS 特征中的误码率定义了数据包被发送方的链路层处理（如 3GPP 接入的无线链路控制层），但是没有成功传输到接收方的上层（如 3GPP 接入的 PDCP 层）的数据包的比率，误码率指的是非拥塞相关的丢包率。误码率用于正确的链路层协议配置。对于一个给定的 5QI，误码率对于上下行数据是一样的。对于资源类型是时延敏感保证比特率的 QoS 流，时间传输时延超过期望时延的数据包被认为是丢包，在丢包率中进行计算。

QoS 特征中的平均窗口只用于保证比特率 QoS 流，代表对保证的流比特率和最大流比特率进行计算的时间窗，例如，在基站、UPF、终端上的计算。平均窗口和动态分配的 5QI 同样通过信令传输，如果没有收到，则使用标准的默认值。

QoS 特征中的最大突发数据量指接入网在期望时延内能服务的最大数据量。

2. PDU 会话中的 QoS 控制

在 5G 系统中，每个 PDU 会话中都会建立一个与默认 QoS 规则对应的 QoS 流。默认 QoS 规则中可以没有包过滤器，在这种情况下，默认 QoS 规则可适用于所有不能匹配其他 QoS 规则的数据，因此，该规则优先级需设为最低。如果默认 QoS 规则不包括任何包过滤器，则对与该默认 QoS 规则关联的 QoS 流不

能使用反向映射 QoS。这种与默认 QoS 关联的 QoS 流是一个不保证比特率的 QoS 流，并且会在所属 PDU 会话的整个生命周期内保持。

针对不保证比特率类型的 QoS 流，当使用标准化的 5QI 或者预配置的 5QI 时，该 QoS 流的 QFI 可以设置为与 5QI 相同的值。此时，对于非 3GPP 接入（固定接入场景），在 PDU 会话建立时可以没有任何 N1 和 N2 信令，接入网节点使用预配置的默认 ARP。而对于 3GPP 接入，仍然需要在 PDU 会话建立或者 PDU 会话修改流程中及每次 PDU 会话的用户面激活时，将 ARP 和 QFI 由核心网通过 N2 信令发送给接入网。所有 QoS 流都可以使用动态分配的 QFI，此时，QoS 流的 5QI 可以是标准化的、预配置的或者动态分配的值。在这种情况下，在 PDU 会话建立或者 QoS 流建立 / 修改以及每次 PDU 会话的用户面激活时，核心网必须将 QoS 流的 QoS 画像和 QFI 发送给接入网。

在 PDU 会话建立或者 QoS 流建立 / 修改过程中，SMF 根据业务数据流的业务需求将业务数据流绑定到适合的 QoS 流，并为新建的 QoS 流分配 QFI 和生成 QoS 画像。SMF 将 QFI 和 QoS 画像以及传输层代码，如差分服务代码点的值发送到接入网。SMF 将业务数据流模板、优先级、QoS 信息、数据包头信息（QFI、差分服务代码点、可选还有反向映射 QoS 指示）发送到 UPF。SMF 还会产生业务数据流对应的 QoS 规则发送给终端，每个 QoS 规则包括 QoS 规则标识、相应 QoS 流的 QFI、业务数据流的包过滤器、QoS 规则优先级。对于动态分配的 QFI，QoS 规则中还包括这个 QFI 对应的 5QI 以及业务数据流的保证比特率 / 最大比特率和平均窗口时间。QoS 规则优先级设置为业务数据流的优先级。QoS 规则的优先级和业务数据流模板的优先级决定哪个 QoS 规则或者业务数据流模板优先被执行，执行顺序是根据优先级取值升序执行的，也就是最低的取值代表最高的优先级，具体的 QoS 模型如图 4-2 所示。

终端根据 QoS 规则中的包过滤器匹配上行数据，并映射到相应的 QoS 流。QoS 规则是通过 NAS 信令发送给终端或者预配在终端上或者终端根据反向映射

QoS 衍生出来的。一个 QoS 流可以对应一个或者多个 QoS 规则。终端将上行数据包头打上 QFI 后，再进行 QoS 流到空口资源的映射，将上行数据包通过相应的空口资源传输到接入网。对于不能匹配任何 QoS 规则的数据包，如果默认 QoS 规则也包括一个或者多个上行包过滤器，则终端会将无法匹配的数据包丢弃。

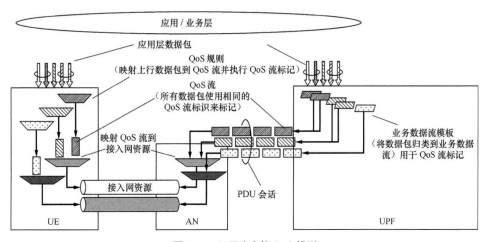

图 4-2 5G 网络中的 QoS 模型

UPF 根据业务数据流模板匹配下行数据，并映射到相应的 QoS 流，然后将下行数据包头打上 QFI 通过 N3/N9 接口传输。接入网负责将 QoS 流映射到相应的空口资源。在 5G 网络中，不要求 QoS 流和空口资源有 1 ： 1 映射的关系，接入网可以自行决定 QoS 流和空口资源的映射关系。如果所有的 QoS 流都和 1 个或者多个包过滤器关联，并且 UPF 收到的下行数据无法匹配任何一个包过滤器，则 UPF 会将无法匹配的数据包丢弃。

对于使用了上行分流器的 PDU 会话，上下行的会话聚合最大比特率都在支持上行分流器的 UPF 上进行控制，并且下行的会话聚合最大比特率会同时在每个终结 N6 接口的锚点 UPF 上进行控制。对于 IPv6 多宿主的 PDU 会话，上下行的会话聚合最大比特率由支持分流点的 UPF 控制，并且下行的会话聚合最大比特率会同时在每个终结 N6 接口的锚点 UPF 上进行控制。

上下行数据的终端聚合最大比特率控制在接入网执行。如果终端从网络收到会话聚合最大比特率，终端也对上行数据执行会话聚合最大比特率。会话聚合最大比特率和终端聚合最大比特率都是对于不保证比特率数据执行的。UPF会执行对业务数据流粒度的最大比特率控制，这个控制对于保证比特率数据是必需的，对于不保证比特率数据是可选的。

对于非结构型的数据，QoS 控制是在整个 PDU 会话级别进行控制的，对于 5G 的第一阶段，一个非结构型的 PDU 会话中最多有一个 QoS 流。当这个 PDU 会话建立时，会话管理功能会将用于该 PDU 会话中所有数据包的 QFI 发送给用户面功能和终端。

5G QoS 模型中还支持反向映射 QoS 控制方式，反向映射 QoS 机制可以使终端不依赖于会话管理功能提供 QoS 规则，自行将上行用户数据映射到正确的 QoS 流。反向映射 QoS 是基于每个数据包进行控制的，通过 N3 接口传输的数据包头携带的反向映射标识进行指示，终端根据收到的下行数据包生成用于上行数据的包过滤器。

4.1.4 支持移动边缘计算的 PDU 会话

移动边缘计算要求终端能够就近接入边缘技术服务器，从网络的角度来看，则是要求终端能够按需访问本地网络。因此，3GPP 提出了在 PDU 会话中支持 IPv6 多宿主和上行分流器的技术，能够利用终端已有的 PDU 会话动态访问本地网络。除了使用已有的 PDU 会话，终端也可以直接建立到本地网络的 PDU 会话，此 PDU 会话与终端的位置强相关，3GPP 将此类 PDU 会话定义为访问本地数据网络的 PDU 会话。

1. 支持 IPv6 多宿主的 PDU 会话

多宿主 PDU 会话是指一个 PDU 会话关联多个 IPv6 前缀。多宿主仅适用于 IPv6 类型的 PDU 会话。PDU 会话类型为"IP"或"IPv6"的请求暗示了终端支持 IPv6 类型的多宿主 PDU 会话。

多宿主 PDU 会话允许终端通过多个 PDU 会话锚点接入到数据网络。到不同 PDU 会话锚点的用户面路径在"公共"的 UPF 上形成分支，公共的 UPF 被称为支持"分支点"功能的 UPF。"分支点"转发上行数据流到不同 PDU 会话锚点，并聚合发送到终端的下行数据流，即聚合从不同 PDU 会话的锚点 UPF 发送到终端的数据流。

支持"分支点"功能的 UPF 可能用于支持计费、合法监听数据的复制和速率控制（PDU 会话粒度的聚合最大比特率）。在 PDU 会话建立过程中，SMF 可以决定在 PDU 会话中的数据路径上插入一个 UPF 来支持"分支点"功能，也可以在 PDU 会话建立之后删除作为"分支点"功能的 UPF。

在使用多 IPv6 前缀的 PDU 会话中，SMF 通过配置支持"分支点"功能的 UPF 来实现终端上行流量在 IP 锚点间的分流。由于"分支点"上的上行流量分流基于数据包的源前缀完成，终端须根据 SMF 配置的路由信息和偏好选择上行数据的源前缀[9]。

多宿主 PDU 会话可能被用来支持会话/业务连续性模式 3 的业务连续性（先建后断），或者用于同时接入本地服务（如本地服务器）和全局服务的场景（如互联网）。终端自己决定多宿主 PDU 会话是用于支持图 4-3 中的业务连续性还是用于支持图 4-4 中的本地接入。

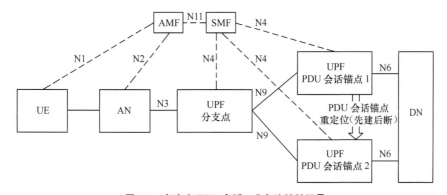

图 4-3　多宿主 PDU 会话：业务连续性场景

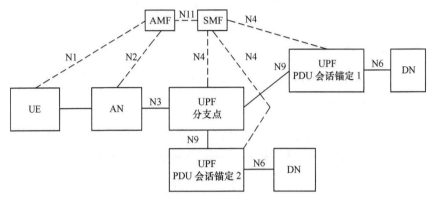

图 4-4　多宿主 PDU 会话：本地接入同一个数据网络

2. 支持上行分流器的 PDU 会话

对于 PDU 会话类型为 IPv4、IPv6 或以太网的 PDU 会话，SMF 可在 PDU 会话的数据路径中插入一个"上行分流器"来分流匹配流过滤器的数据流。上行分流器采用流过滤规则（例如，检查终端发送的上行 IP 数据包的目的 IP 地址 / 前缀）决定数据包如何路由，包括到 PDU 会话的不同用户面锚点的上行数据分流和来自不同用户面锚点的下行数据流聚合。分流和聚合都是根据 SMF 提供的流检测和流转发规则来决定的。

SMF 可在 PDU 会话建立过程中或者建立后，插入支持上行分流器功能的 UPF；或者在 PDU 会话建立之后，删除支持上行分流器功能的 UPF。SMF 可在 PDU 会话数据路径上插入多个支持上行分流器功能的 UPF。图 4-5 描述了支持上行分流器的 PDU 会话用户平面路径的架构。

3. 访问本地区域数据网络的 PDU 会话

本地区域数据网络（LADN，Local Area Data Network）是指终端只能在特定的位置（LDAN 的服务区）才能够访问的数据网络。终端只有在 LADN 的服务区才能建立到 LADN 的 PDU 会话，LADN 服务区由一组跟踪区组成。AMF 中配置有基于数据网络的 LADN 信息（LADN 服务区信息和 LADN 数据网络名称），且配置的 LADN 服务区对访问同一 LADN 的所有终端是相同的。AMF 通过注册过程或终端配置更新过程向终端提供 LADN 信息。

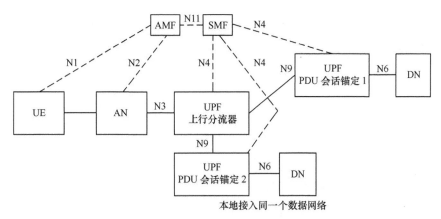

图 4-5　支持上行分流器的 PDU 会话用户平面路径的架构

只有当终端位于 LADN 服务区内时，终端才允许激活使用该 LADN 数据网络名称的 PDU 会话的用户面连接。当终端位于 LADN 服务区之外时，终端既不能请求激活该 PDU 会话的用户面连接，又不能修改该 PDU 会话。

4.2　支持小数据传输的 PDU 会话

3GPP 在 R15 标准中定义的 PDU 会话主要用于服务宽带数据业务。然而大规模机器类通信是 5G 网络中的三大场景之一，小数据传输是这类通信场景的典型特征。因此，3GPP 在 R16 标准中又引入了支持小数据传输的 PDU 会话，能够为物联网终端按需提供更高效的数据传输服务。

根据具体应用场景的不同，5G 网络中的小数据传输技术又分为非频繁小数据传输（如智能抄表）和频繁小数据传输（如位置追踪）。因此，本节将分别介绍这两类小数据传输技术。

4.2.1　非频繁小数据传输

5G 网络将是万物互联的网络，因此，网络中存在海量的结构简单、电量受

限和速率低的物联网终端，这类物联网终端在网络中通常呈现移动性低、业务不频繁或者数据包小等特点。为了高效地服务这类终端，5G 网络需要使用一些特殊的数据传输方式，例如，使用控制平面 NAS 信令传输小数据、利用无 PDU 会话的连接传输小数据以及通过快速恢复的用户平面传输路径传输小数据等。为此，3GPP 组织成立了在 5G 网络支持物联网业务的研究立项，研究目标之一就是在 5G 网络中支持少量数据的高效传输[10]。

1. 利用 NAS 信令传输小数据

由于非频繁小数据传输场景下的数据量比较小，因此，可以使用信令来承载业务数据。3GPP 提出了一种利用终端和 SMF 之间的会话管理 NAS 信令来传输小数据的方案。该方案要求增强 SMF 的功能，AMF 也需要能够选择支持小数据传输的 SMF。

在上行小数据传输时，终端需要将小数据封装在会话管理 NAS 消息，然后发送至 SMF。SMF 从 NAS 消息中解析出小数据包，然后封装到接口消息中，最后通过 UPF 转发出去。在下行小数据传输时，UPF 将收到的下行数据包发送到 SMF，然后 SMF 将数据包封装在 NAS 传输消息中，转发至 AMF。AMF 无须解析 NAS 传输消息，直接通过 NAS 信令连接将消息转发给终端。

该方案的具体流程可分为 PDU 会话建立、上行小数据传输和下行小数据传输几个部分。其中，PDU 会话建立过程和普通的 PDU 会话建立的基本流程一样，但是终端需要在 PDU 会话建立请求消息中携带"使用 NAS-SM 消息传输数据"的指示。AMF 根据收到的"使用 NAS-SM 消息传输数据"的指示，将选择支持使用 NAS 消息传输小数据的 SMF。在使用 NAS 信令传输小数据过程中，由于空口以及核心网中都不需要建立用户平面传输路径，因此，SMF 无须为 PDU 会话分配用户平面隧道资源。

用于小数据传输的 PDU 会话建立之后，终端和网络之间就可以传输上下行小数据。在传输上行小数据之前，终端需要指明小数据在哪条 PDU 会话上传输，然后终端将上行小数据和 PDU 会话的标识封装到 NAS 传输消息的负载中，具体流程如图 4-6 所示。

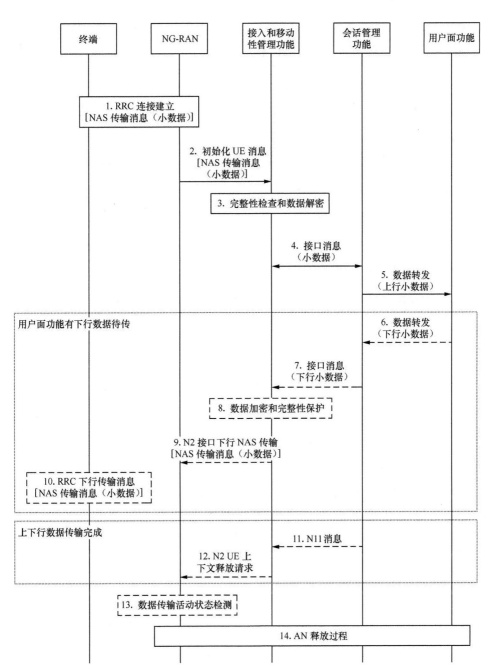

图 4-6　利用 NAS 消息传输小数据的过程

在小数据传输时，若终端处于空闲态，则终端首先需要发起 RRC 连接建立过程进入连接态，然后利用建立的 RRC 连接将 NAS 传输消息发送到 RAN；若终端已经处于连接态，则终端直接利用 RRC 消息将 NAS 传输消息发送到 RAN。RAN 将 NAS 传输消息转发到 AMF。AMF 执行消息完整性检查以及解密，然后转发至 SMF。SMF 解析出小数据报文，然后转发给 UPF。最终数据报文将被发送到数据网络。

若终端存在下行小数据，则 UPF 会将下行数据包转发给 SMF。SMF 进行头压缩并封装下行小数据。SMF 将封装的下行小数据转发到 AMF。AMF 生成携带下行小数据的下行 NAS 传输消息，并对 NAS 传输消息进行加密和完整性保护，然后发送给 RAN。AMF 在使用 NAS 传输消息传输小数据时，若发现终端处于空闲态，则先缓存数据并发起寻呼过程来恢复与终端的 NAS 连接。RAN 将 NAS 消息转发给终端。下行小数据传输完成后，AMF 根据终端提供的辅助信息确定终端是否还有上下行数据。若没有，则 SMF 向 AMF 指示没有上下行数据。基于该指示，AMF 可请求 RAN 释放终端上下文。

2. 无 PDU 会话连接的小数据传输

在利用 NAS 信令传输小数据的方案中，终端需要先建立 PDU 会话连接，然后才能传输小数据。然而对于一些数据传输频率极低的终端来说，如果每次数据传输前都需要新建 PDU 会话，则会带来较大的信令传输开销比例。因此，3GPP 又提出了一种无须建立 PDU 会话的小数据传输方法。

无 PDU 会话连接的小数据传输方法同样使用控制平面的 NAS 消息传输空口的小数据，然而数据包不再由 SMF 和 UPF 转发，而是经过网络能力开放功能（NEF）转发。为了使用正确的 NEF 进行数据转发，在终端注册过程中，AMF 需要根据网络配置、用户签约等信息先选择 NEF，然后将终端注册到所选的 NEF 上。

利用无连接 PDU 会话传输上行小数据的过程如图 4-7 所示。

终端首先通过 NAS 传输消息将上行数据包发送到 AMF。AMF 进行完整性检查和数据解密。AMF 确定使用终端注册过程中所选择的 NEF 进行数据转发后，将数据报文和终端标识转发到 NEF。NEF 将根据终端注册时建立的上下文确定应用服务器的地址，然后将上行小数据发送到应用服务器。NEF 可能支持上行小数据的接收确认，此时 NEF 须封装确认消息，然后发送给 AMF。AMF 将加密确认消息，然后转发给终端。

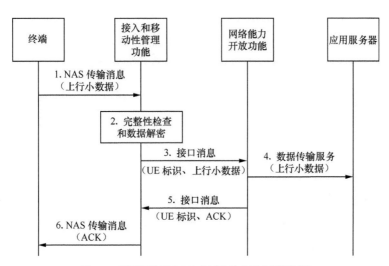

图 4-7　利用无连接 PDU 会话传输上行小数据过程

利用无连接 PDU 会话传输下行小数据的过程如图 4-8 所示。

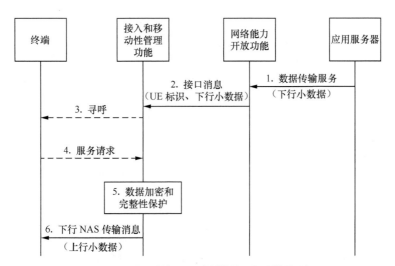

图 4-8　利用无连接 PDU 会话传输下行小数据过程

应用服务器调用 NEF 的数据传输服务来传输下行小数据，在传输过程中，应用服务器会提供终端的外部标识。NEF 基于终端上下文中的终端内部和外部标识的映射，获得终端内部标识，然后将下行小数据发送给服务终端的 AMF。AMF 接收下行数据，对下行数据进行加密和完整性保护，然后通过下行 NAS 传输消息将小数据发送给终端。

3. 用户平面传输路径快速恢复

在 5G 网络中，空闲态终端需要传输数据时，首先需要发起一系列信令过程进入连接态和恢复数据连接，如果对小数据传输同样采用相同的信令过程，则会带来大量的信令开销。因此，3GPP 针对小数据传输，提出了一种用户平面传输路径快速恢复的优化方法[10]。

用户平面传输路径快速恢复方法的主要思想是将 PDU 会话的信息，包括安全上下文以及 N3 接口的 UPF 信息，通过 SMF 通知给终端，然后终端传输上行数据时，将这些信息发送给 RAN，这样 RAN 无须通过信令从核心网获取终端上下文信息即可恢复到用户面功能的传输路径。

快速恢复用户面路径传输上行小数据的过程如图 4-9 所示。

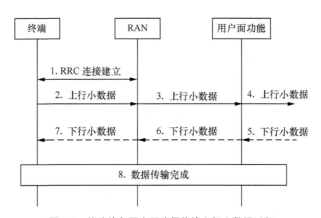

图 4-9 快速恢复用户面路径传输上行小数据过程

当终端需要恢复用户面数据传输路径时，终端发起 RRC 连接建立过程，并将 PDU 会话的相关信息，如选择用户面功能参数，发送给 RAN。RAN 因此确定 N3 接口的 UPF。随后终端将上行小数据发送给 RAN，RAN 转发上行小数据到所确定的 UPF。RAN 在发送上行小数据的同时，还向 UPF 提供 RAN 侧下行隧道信息，使 UPF 能够将终端的下行数据发送到 RAN。

快速恢复用户面路径传输下行小数据的过程如图 4-10 所示。

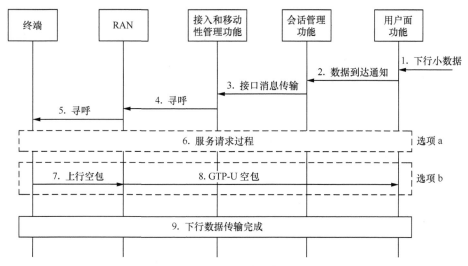

图 4-10　快速恢复用户面路径传输下行小数据过程

当终端处于空闲态时，UPF 触发下行数据通知 SMF。SMF 收到通知后，发送接口消息到 AMF 以触发寻呼过程。终端收到寻呼后，可以采用两种方法来响应：选项 a 是采用传统的服务请求过程；选项 b 是重用上行小数据发送过程。但是上行小数据使用空包，这样 UPF 可以根据上行数据包获取 RAN 侧下行隧道信息。

4.2.2　频繁小数据传输

5G 网络中的部分物联网终端还存在频繁小数据传输的特性，如用于位置追踪的设备，这类终端的上下行数据发送频度从每小时到每分钟传输多个数据包不等。为了高效地支持这类终端频繁的小数据传输，应当考虑采用用户面传输

路径进行数据传输。因此，同样可以使用前面提到的用户面传输路径快速恢复方法来提高用户面传输路径建立的效率。除了用户面传输路径快速恢复方法外，3GPP 还提出可以将终端保持在 RRC 非激活态来优化空口信令过程，减少终端能耗。

当终端处于 RRC 非激活状态时，一旦需要传输数据，终端可通过 RRC 连接恢复过程快速建立数据传输路径，而 NAS 层无须执行任何信令过程。这样既可以避免终端在无数据传输时的电量消耗，又可以减少终端在进行频繁小数据传输时的信令开销，具体的小数据传输流程如图 4-11 所示。

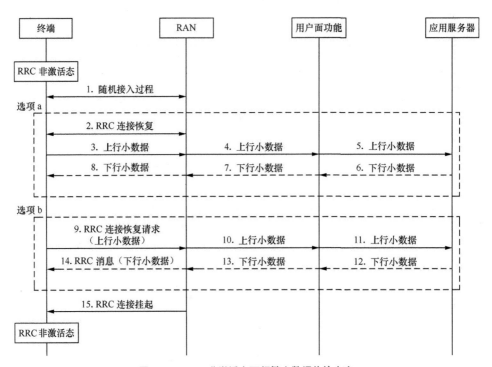

图 4-11　RRC 非激活态下频繁小数据传输方案

处于 RRC 非激活态的终端需要发送上行数据时，首先发起随机接入过程，随后发起 RRC 连接恢复过程。终端可以有两种方式进行数据传输：选项 a 中，终端须通过 RRC 连接恢复过程建立空口承载后，再利用建立的空口承载将上行数据发送到 RAN；选项 b 中，终端可以在 RRC 连接恢复请求中将上行数据包捎带发送给 RAN，RAN 根据请求中的恢复标识确定终端上下文，进而确定传输终端上行小数据的 PDU 会话连接。完成上行数据传输后，若终端还存在下行数据包，如应用层的确认消息，则 UPF 会将小数据转发到 RAN，然后发送到终端。若 RAN 节点接收下行数据包时，尚未完成 RRC 连接恢复过程，则 RAN 节点可将下行数据包捎带在 RRC 消息中发送给终端。数据传输完成后一段时间，RAN 节点将 RRC 连接挂起，从而 RAN 和终端再次进入 RRC 非激活态。

| 4.3　小结 |

5G 中的会话管理主要用于创建和维护终端和数据网络名称所标识的业务网络之间的会话连接，以提供终端和业务网络之间的连通性服务。会话管理是移动通信网络中的重要特性，是广义上的移动性管理的重要组成，对保障业务数据的正确传输发挥了重要作用。由于 5G 网络支持的业务数据类型多样、业务流量模型复杂、业务传输的 QoS 需求极具差异，因此，5G 网络需根据需求提供差异化的会话管理服务。

本章首先介绍了 5G 网络中按需会话管理的基础模型，其中详细介绍了 PDU 会话的主要属性、PDU 会话的建立过程和 PDU 会话的 QoS 保证。在 PDU 会话的建立过程中，终端首先确定所建立 PDU 会话的会话 / 业务连续性模式，然后由 5G 网络选择服务该 PDU 会话的网络切片，以及服务该 PDU 会话的 SMF。SMF 负责 PDU 会话的用户平面的传输路径管理，包括用户平面功能的选择、IP 地址管理、用户平面传输隧道的管理以及支持边缘计算的数据分流或路由。PDU 会话的 QoS 参数由策略控制功能基于 QoS 流的粒度来确定，生成的 QoS 参数由 SMF 通知到终端、RAN 以及 UPF 并执行。在支持边缘计算方面，

本章讨论了 3 种数据分流 / 路由技术,分别为 IPv6 多宿主技术、上行分流器技术以及本地区域数据网络接入技术。本章最后介绍了针对小数据传输场景的会话管理机制。5G 网络将小数据传输分为非频繁小数据传输和频繁小数据传输两种场景,其中非频繁小数据传输的支持存在更多的网络优化空间,因此,它是 5G 网络的研究重点。目前,针对非频繁小数据传输的研究主要集中在利用终端的非接入层控制面信令进行数据包封装上,该方法可以避免为小数据传输恢复用户面无线承载,减少空口的信令开销。

5G 网络中的会话管理的基本机制已经确定,但在支持低时延高可靠业务上还存在提升空间。另外,3GPP R15 版本的 5G 标准中,网络中的会话管理功能要求能够管理网络中的所有用户面功能,且在非漫游场景或者本地疏导的漫游场景下,一个 PDU 会话仅由唯一的会话管理功能提供服务。因此,3GPP 在 R16 版本的 5G 标准中增强了会话管理机制,其中包括支持一个 PDU 会话使用多个 SMF 提供服务以支持灵活的网络部署;在会话管理中提供一定的传输保障机制来服务低时延高可靠业务,例如,冗余传输、时延控制、抖动消除等。

| 参考文献 |

[1]   陈山枝,时岩,胡博 . 移动性管理理论与技术 [M]. 北京:电子工业出版社,2007.

[2]   3GPP, TS 23.501. System architecture for the 5G system [S].

[3]   Yegin A, Kweon K, Lee J, et al. On Demand Mobility Management [EB/OL].

[4]   3GPP, TS 23.502. Procedures for the 5G System [S].

[5]   Troan O, Miles D, Matsushima S, et al. IETF RFC 7157. IPv6 Multihoming without Network Address Translation [S].

[6]　　Narten T, Thomson S, Jinmei T. IETF RFC 4862. IPv6 Stateless Address Autoconfiguration [S].

[7]　　3GPP, TS 23.003. Numbering, Addressing and Identification [S].

[8]　　3GPP, TS 23.503. Policy and Charging Control Framework for the 5G System [S].

[9]　　Draves R, Thaler D. IETF RFC 4191. Default Router Preferences and More-Specific Routes [S].

[10]　3GPP, TR 23.724. Study on Cellular IoT Support and Evolution for the 5G System [R]. 2018.

第 5 章

异构网络的移动性管理

异构网络分为异构接入系统和异构网络系统，前者主要指支持多种接入技术但核心网统一的系统，后者指从接入到网络都完全独立的系统，如 LTE 网络和 5G 网络。异构网络下的移动性管理主要用于提供终端在不同接入网络甚至不同网络系统间移动时的通信服务和业务连续性保证。因此，异构网络的移动性管理重点在于终端接入时的接入网络选择、终端接入网络后的移动性锚点管理和跨网络移动时的切换管理。

本章主要讨论 5G 网络与其他异构网络之间的移动性管理，包括 5G 多种接入技术之间的移动性支持、5G 接入网络与非 3GPP 定义的接入网（如 WLAN）之间的移动性支持，以及 5G 网络与现有 LTE 网络之间的互操作支持。

| 5.1 异构多接入场景下的移动性支持 |

异构多接入场景融合了多种异构的通信制式，除了蜂窝网络之外，还包括无线自组织（Ad Hoc）网络、无线局域网（WLAN）网络以及 D2D 用户直连通信等 [1]。5G 网络中引入了密集部署方式，通过在传统宏蜂窝层增加小小区的组网方式，形成多层的网络部署架构，这种混合组网方式包含了不同类型和特性的节点，因此也被纳入异构网络的研究范围，其中主要包含与传统的宏基站制式相同的小型站点，如微小区、微微小区以及中继节点等 [2-3]。

相应的，异构多接入场景下的移动性支持研究主要围绕垂直切换及优化、多连接场景的移动性管理、基于移动性预测的优化展开。

5.1.1　垂直切换及优化

异构接入网络环境中包含了异构的无线接入技术，区别于同构接入环境的水平切换，异构接入环境的切换被称为垂直切换。无论是切换的触发原因，还是对于切换中的两个重要控制功能切换决策和切换执行而言，垂直切换均有不同于水平切换的需求和技术 [4]。5G 网络中引入了超密集组网后形成多层网络架构，此时的垂直切换控制面临切换频繁、乒乓切换、切换信令开销大等新的问题，严重影响系统效率和用户服务质量，这也是 5G 系统垂直切换中的研究热点。

1. 切换决策

切换决策用于决定是否切换、何时触发切换及切换目标接入的选择。垂直切换决策是多标准决策问题，决策中涉及的因素多样化、度量值又各不同，如何根据这些因素进行统一、综合的决策和判断，得到优化的决策结果，是垂直切换决策关注的重点 [4]。

（1）切换触发条件及时间研究

文献 [5] 针对移动终端以变化的速度穿过服务小区的场景，提出了一种自适应的切换触发策略，通过对接收信号强度指示（RSSI, Received Signal Strength Indicator）的预测实现准确、及时的切换触发。首先应用具有噪声的基于密度的聚类方法（DBSCAN, Density-Based Spatial Clustering of Applications with Noise）挖掘用户的移动模式，之后使用隐马尔可夫模型（HMM, Hidden Markov Model）实现自适应的 RSSI 预测，并用于切换的触发决策，从而提高了切换成功率。

文献 [6] 针对异构接入环境中的端到端垂直切换，研究优化的切换触发时刻选择，并通过仿真验证了不同的切换触发时刻对切换性能的影响。

（2）切换目标接入选择研究

由于垂直切换决策是多标准决策问题，决策中涉及的因素多样化、度量值又各不同，如何根据这些因素进行统一、综合的决策和判断，研究者们提出了各种不同的方法，包括以下几种 [7-8]。

① 基于简单加权和的方法

在这种方法中，采用各种因素的线性组合，为决策中要涉及的每种因素分配相应的权重值，选择加权和最高的网络为切换的目标网络。

② 基于策略的方法

基于 RFC2753[9] 中定义的策略框架结构，包括策略数据库（Policy DB）、策略执行点（PEP，Policy Enforcement Point）和策略决策点（PDP，Policy Decision Point）等主要部分。其中，根据策略库中所定义的策略和规则，由 PDP 负责切换决策，PEP 负责切换执行。PDP 和 PEP 是驻留在某网络节点中的功能模块。

③ 基于模糊推理的方法

由于垂直切换决策中涉及的因素多，其中一些难以量化，可以采用基于模糊推理的方法进行决策。将切换决策中需要考虑的因素作为模糊推理系统的输入，首先经过模糊化，然后根据规则库中定义的对应不同输入组合的规则，得到模糊化的切换决策结果，再经过决策结果的解模糊，得到是否执行切换的最终决策结果。

④ 基于层次分析法（AHP，Analytic Hierarchy Process）的方法

层次分析法是多标准决策中的常用方法之一，将应用于垂直切换决策，包括以下几个步骤：首先将切换决策目标分解成若干准则，并与可用网络共同构成包括目标层、准则层和方案层的层次结构；然后，采用 1 – 9 互反标度等方法构造各个准则之间的两两比较矩阵，并据此计算各个决策因素的相对权重；最后计算每个可用网络所对应的加权和，并据之选择切换的目标网络。

⑤ 基于博弈论的方法

在垂直切换中，用户和网络常常可以被看作是竞争关系，用户希望以最低的费用接入最好的网络，而网络希望最大化收益。因此，可以将博弈论用于垂直切换决策的建模分析中。在现有研究中，不同的博弈论模型都有应用，包括合作博弈、非合作博弈、层次化博弈和演化博弈等。

⑥ 基于马尔可夫决策过程的方法

马尔可夫决策过程（MDP，Markov Decision Process）是垂直切换决策中一种常用的方法。马尔可夫决策过程是一种离散时间随机控制过程，是基于马尔可

夫过程理论针对随机动态系统进行决策优化的方法。将马尔可夫决策过程应用于垂直切换决策时，通常把当前可用网络作为系统的状态，把"选择一个可用网络"（仍然使用现在的网络或者切换至另一个网络）作为系统的动作，而在此基础上，根据优化目标定义回报函数，例如，为用户提供更好的 QoS 或最大化网络收益。

5G 网络中由于异构部署的密集小区、支持高速移动等特性，其中的切换决策变得尤为重要。异构接入环境的切换决策方法研究如何定义合适的切换触发条件、确定触发时间和切换目标接入选择，从而减少不必要的频繁切换、避免乒乓切换、提高切换成功率，提高系统效率和用户服务质量。现有研究从切换的时序估计[10]、基于多目标优化的切换目标接入选择等角度入手，并常常和5G 网络的资源管理、干扰控制等技术相结合，开展了切换决策的研究。

文献 [11] 提出了一种基于切换效率的异构网络选择与带宽分配算法。该算法分为两个步骤，首先采用简单筛选与多属性判决确定候选网络集合，然后定义切换效率为系统吞吐量与切换次数的比值；并在上述候选网络集合中，以用户 QoS 需求及系统带宽为约束，以最大化切换效率为目标，联合优化网络选择与带宽资源分配方案。为降低上述优化问题的求解复杂度，本章将原优化问题分解为网络选择与带宽分配两个子问题，通过分步优化、循环迭代的方式进行求解。最后仿真结果表明，其所研究的异构网络选择与带宽分配算法可有效减少切换次数，提升系统性能。

传统切换决策中使用的接收信号强度（RSS，Received Signal Strength）指标不再适用于异构接入环境。文献 [12] 以超密集异构网络为背景，以降低不必要的切换、提高切换成功率为目标，提出了一种切换决策方法。作者认为移动用户在小小区内的停留过于短暂是造成不必要切换及切换失败率高的主要原因，因此，其主要思想是估计用户在小小区内的停留时间，只考虑用户的停留时间超过预定阈值的小区，从而减少了候选切换目标小区的数量，有效避免了移动用户在当前服务小区内的短暂停留，减少了不必要的频繁切换。

文献 [13] 引入基于模糊逻辑的博弈论方法，提出了一种切换决策方法。该方法分为两个步骤：切换必要性决策和切换目标基站选择。在切换必要性决策中，考虑了信号与干扰加噪声比（SINR，Signal to Interference Plus Noise

Ratio)、吞吐量、基站的负载、用户到基站的距离、用户移动速度等因素，采用模糊推理完成是否切换的决策。在切换目标基站选择中，采用多属性决策方法选择优化的切换目标。

文献 [14] 以超密集异构网络为背景（场景如图 5-1 所示），以降低能耗为目标，提出了一种优化的切换决策方法。其中，切换目标小区的选择需考虑接收信号强度、用户移动速度和邻小区的负载。设置移动速度的阈值，对于高速移动的用户，不为其选择小小区作为切换目标，从而避免了用户快速通过小小区造成的频繁切换。对于非高速移动的用户，则倾向于为其选择虽已有较高负载但仍能接纳切换用户的目标小区，以达到节约能耗的目的。仿真结果表明，该方法能够达到节能效果并适用于高速移动的用户。

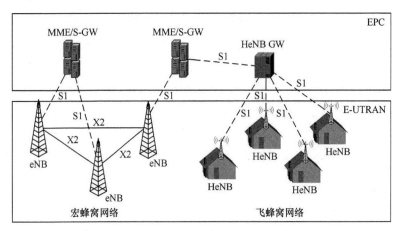

图 5-1　文献 [14] 中的异构接入环境

另外，5G 网络架构的设计引入了 SDN 的思想，在一些研究中，也将 SDN 的设计思想引入到异构接入网架构和切换决策的设计中 [15]。针对异构云化接入网（H-CRAN，the Heterogeneous Cloud Radio Access Network）中网络状态动态性强导致的切换性能低下问题，提出了一种结合 SDN 思想的切换决策方法，以提升切换性能，架构示意如图 5-2 所示。其在基带资源池中引入集中式的控制节点 SDWN（Software-Defined Wireless Network）控制器，用于收集切换相关的信息，之后交由 SDHDE（Software-Defined Handover Decision Engine）实体，为每个用户进行优化的切换决策。

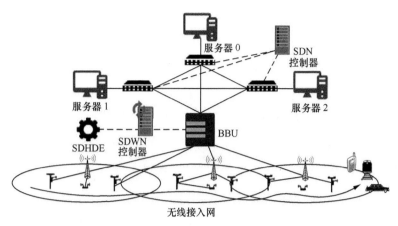

图 5-2　文献 [15] 中基于 SDN 的 H-CRAN 切换架构

文献 [16] 的研究针对图 5-3 所示的混合异构 5G 网络环境，其中包含了 5G 基站以及 3G、LTE 等不同接入技术。作者提出了一种混合 5G 环境下以用户为中心的切换机制。将切换建模为同时最大化接收速率和最小化码块的多目标优化问题，文献 [16] 提出的方案保证了在有限的位置信息的前提下，每个用户都能选择到一个最佳的基站。仿真结果表明，该方案能显著提高用户的总吞吐量和用户比例。

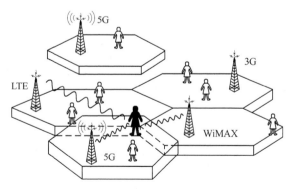

图 5-3　文献 [16] 中混合异构的 5G 网络环境

2. **切换执行**

相对于传统无线网络，5G 系统中的业务更具多样性和差异性，因此，在 5G 网络架构的设计中，采用控制与数据分离的思想，引入了 SDN/NFV、网络

切片等新型网络技术，以提高灵活性、可定制性和高效性。相应地，切换执行技术的研究也需适应这种变化。传统的异构无线网络切换方法，以用户服务不中断为目标，将用户切换至目标网络。而在新型 5G 网络架构下，当用户发起服务请求时，将接入网络中为其提供服务的网络切片，以满足其定制化需求。

目前，3GPP 定义的 5G 网络架构已经在网络层支持了 5G 新型接入网络和非 3GPP 接入网络的融合。3GPP 定义的融合架构如图 5-4 所示，其中，非 3GPP 接入，如 WLAN，可以通过非 3GPP 互操作功能（N3IWF，Non-3GPP Interworking Function）接入 5G 核心网中 [17]。当终端在 3GPP 接入和非 3GPP 接入之间移动并确定需要进行切换时，终端将通过发起指定类型（Existing PDU Session）的 PDU 会话建立过程，在目标接入网络中建立会话连接。当核心网络收到这种类型的会话建立请求时，首先确定服务该终端的网络切片信息，然后在所确定的网络切片中，为终端选择在源接入网络中正在提供服务的网关锚点来新建会话连接。会话建立完成后，终端和网关锚点可以切换数据传输路径，将在源接入网络中进行传输的上下行数据切换到新的会话连接上。

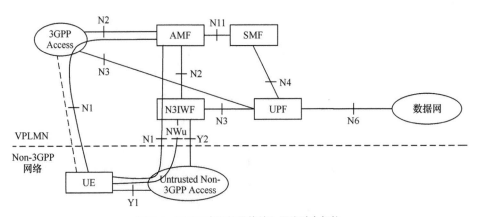

图 5-4　3GPP 定义的异构接入网络融合架构

未来在 5G 网络支持 RAN 切片后，当用户发生移动需进行切换时，需要更加灵活的基于 RAN 切片的切换方案，旨在满足用户在目标切换网络中也可以享受定制化服务的需求，并保持切换前后业务的一致性体验 [11]。文献 [11] 基于

RAN 切片思想提出了一种 LTE/WLAN 异构无线网络切换方案。其中，中心控制器负责异构无线网络中的移动性管理，通过其集中控制的方式可以实现对异构无线网络资源与信息的统一调度，从而制定合理的切换策略。设计了基于控制与数据分离的 RAN 切片，以及基于 RAN 切片的异构无线网络切换流程。切换时除了要保证无线参数满足用户的需求，计算和存储也应满足用户切换前后的一致性体验，即用户将以 RAN 切片为单位进行切换，而不再仅仅考虑网络之间的切换。其切换场景及架构如图 5-5 所示。

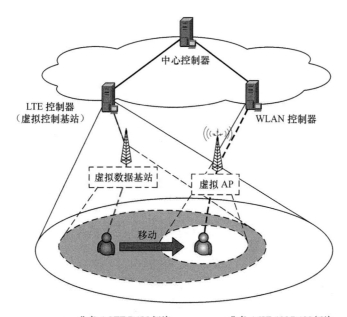

图 5-5　文献 [11] 中基于 RAN 切片的 LTE/WLAN 切换场景

5.1.2　多连接场景的移动性管理

5G 多连接场景的移动性管理主要针对相关的架构、降低切换时延和切换信令开销展开研究。

文献 [18] 以采用 SDN 和虚拟化思想的动态异构网络环境为基础，针对多接口移动终端，提出了基于策略的流移动性管理架构，支持无缝的流切换。文献[18] 中所提出的流移动性管理架构如图 5-6 所示。通信双方为多接口的移动终端和对端服务器。MCN（Mobility Control Node）负责移动终端到通信对端之间的连接与位置信息，通过与 SDN Domain Controller 的交互，实现网络辅助的流移动性。流的定义采用 < 流 ID，源 IP，目的 IP，源端口，目的端口 > 五元组的形式。每个应用对应一个流，通过隧道机制实现移动性支持能力。基于策略完成切换决策，而策略定义中考虑了网络、用户、终端、应用相关的各种上下文信息，包括网络类型、位置、电池电量、应用类型、时间、带宽、历史位置、网络使用历史、可用系统资源等。由于这些决策相关信息涉及多个协议层，在移动终端设计中采用 MIH（Media Independent Handover）用于跨层信息的获取、切换触发及优化。

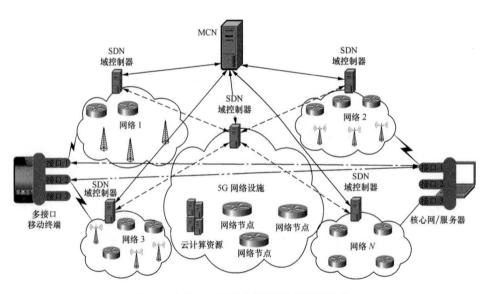

图 5-6　文献 [18] 网络辅助的流移动性管理架构

文献 [19] 以密集部署场景为背景，研究双连接场景的微移动性管理机制。在 3GPP 定义的双连接（Dual Connectivity）场景中，移动终端与宏基站和微基站之间同时建立无线连接，当移动终端在同一个宏基站覆盖范围内的不同微基站之间移动时，由宏基站作为本地锚点，代表 MME 和 SGW 完成切换控制[20]。由于微基站覆盖范围小，切换频繁，导致宏基站因切换控制带来的信令开销巨大。文献 [19] 中所提出的双连接场景微移动性管理机制中，引入了移动性锚点节点，其部署场景如图 5-7 所示。移动性锚点负责一个热点区域范围内不同微基站之间的切换控制。当切换发生时，移动性锚点直接参与切换信令流程，将下行数据路径从切换前的源微基站切换至目标微基站，从而大大降低了宏基站的切换信令开销。

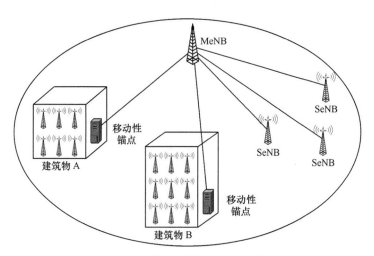

图 5-7　双连接场景微移动性管理机制示意

文献 [21] 研究了 5G 毫米波通信中如何通过双连接实现切换性能提升。毫米波通信信号易受建筑物影响导致间歇性通信中断，因此，多连接成为提高毫米波通信可靠性和健壮性的有效方法之一。文献 [21] 中所提出的双连接架构如图 5-8 所示。其中，每一个移动设备同时保持和 5G 毫米波基站及传统 4G 基站的连接，移动设备通过 LTE 基站的 S1 接口接入核心网，毫米波基站不与 MME 直接交互，毫米波基站和 LTE 基站之间通过 X2 接口相连。每一个 LTE 基站负责协调其覆盖范围内的一组毫米波基站。当 5G 毫米波通信出现中断时，可以切换到 4G 基站提供数据面传输功能。此时，如果采用传统的切换方式，会由于需要与核心网相关实体进行交互而造成较大的切换时延。针对此问题，作者提出了基于

双连接的切换优化机制，将移动性管理的功能部署在距离基站更近的位置，并由 LTE 的 RRC（Radio Resource Control）层控制，从而降低了切换时延。

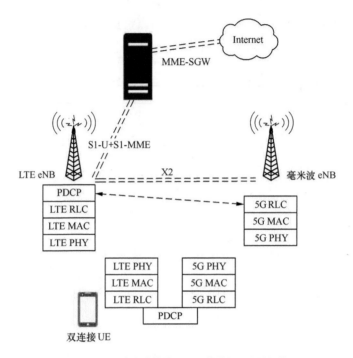

图 5-8　5G 毫米波基站—LTE 基站的双连接架构

|5.2　与 LTE 网络互操作场景下的移动性支持|

在同一个运营商的网络中，不同的 3GPP 网络架构部署（LTE 核心网架构和 5G 核心网架构）以及具有不同能力的终端（支持 LTE NAS 协议和支持 5G NAS 协议）可能共存相当长的一段时间。为了支持系统间迁移，支持 5G NAS 协议的终端也需要同时支持 LTE NAS，这样使终端既能够工作在 5G 网络，也可以在必要的时候（如 5G 新空口的覆盖不好）接入 4G LTE 网络中。终端具体使用 LTE NAS 还是 5G NAS 完全取决于其希望接入的核心网。

5.2.1 从 LTE 到 5G 的演进路线

为了支持从 LTE 网络平滑迁移到 5G 网络，同时尽量减少对现有 LTE 网络的改动，3GPP 定义了图 5-9 所示的支持系统间迁移的架构 [17]。

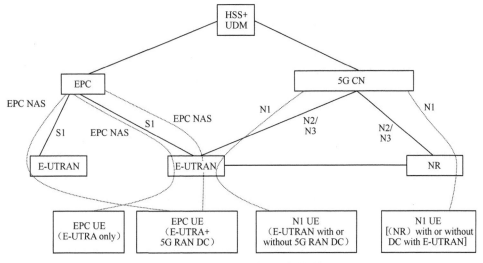

图 5-9 LTE 到 5G 迁移的系统架构

图 5-9 中实际给出了两种迁移思路：一种是先仅利用 5G 新空口基站作为补充覆盖，增强空口传输能力，当 5G 新空口基站的覆盖成规模之后，再部署 5G 核心网，最终完成系统迁移，即先采用 5G 非独立组网（NSA，Non-Standalone）架构进行网络部署，然后过渡到 5G 独立组网（SA，Standalone）；另一种是在局部区域部署完整的 5G 实验网，使用户完整地体验 5G 网络，即先采用 5G SA 架构进行试点部署，然后逐步连点成片。当用户移动出 5G 网络服务范围时，将通过 LTE 和 5G 的互操作功能保证用户业务的连续性，这样随着 5G 网络的规模部署，自然完成从 LTE 网络到 5G 网络的迁移。以下重点介绍这两种网络演进的思路。

资料专栏：5G NSA（非独立组网），5G SA（独立组网）

5G NSA 是一种过渡性 5G 网络部署方案。5G NSA 架构下，核心网不必升级，5G NR 基站只作为辅基站与 4G LTE 基站相连，因此终端无须支持 5G

NAS 协议，但是只有能够到 5G NR 基站的用户面无线连接才能获得 5G NR 基站提供的服务。5G NSA 架构存在多种选项，区别在于 5G NR 基站的用户面是与 4G 基站相连还是直接与 4G 核心网相连。5G NSA 主要向终端用户提供 5G NR 的高速传输能力，难以满足 5G 新场景的需求，如高可靠低时延通信的需求。

5G SA 是 5G 网络部署的最终形态。5G SA 架构中，核心网采用基于服务化接口的 5G 核心网，接入网由 5G NR 基站或能够连接 5G 核心网的演进 LTE 基站组成，终端需要支持 5G NAS 协议才能接入网络。5G SA 架构支持 5G 完整特性，能够服务 5G 多样化场景，满足不同的业务场景需求，提供更好的用户体验，是 5G NSA 架构的演进方向。

1. 路线一：从 NAS 架构开始演进

这种从补充覆盖开始的演进思路主要是日本和韩国运营商主推的，原因是日本和韩国运营商希望在奥运会和冬奥会上提供 5G 网络服务，但是担心 5G 系统和 5G 终端的研发进度难以保证。因此提出 5G 新空口基站作为补充覆盖接入到 LTE 核心网，加快 5G 网络的商业化进程。

5G 新空口基站作为补充覆盖的 5G NSA 架构基于双连接技术，其中，5G 新空口基站作为辅基站，具体架构如图 5-10 所示 [22]。其中，LTE 无线接入作为锚点接入，5G 新空口作为辅助接入。

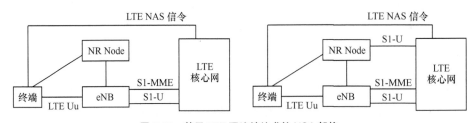

图 5-10　基于 LTE 双连接技术的 NSA 架构

在图 5-10 所示的网络中，支持基于 LTE 核心网的双连接（第二接入为 5G 新空口）的终端总是通过 LTE 无线接入执行初始接入，并且只在 LTE 无线接入上执行 LTE 核心网 NAS 过程。

这种演进方式的优点在于运营商的前期投入要求小，5G NR 基站的开发和部署周期短，但缺点也很明显。这种架构仅提供了 5G 空口传输能力，而不支持 5G 网络本身的新特性。5G NR 基站也属于过渡版本，未来还需要再次升级才能接入 5G 核心网。

2. 路线二：从 SA 实验网开始演进

从 SA 实验网开始进行网络演进是一种较为常见的网络演进方式。该方式下，5G 网络可以独立部署，但在网络边界需要支持与 LTE 网络的互操作，以保证用户在跨越网络边界时，业务不会发生中断。为了实现与 LTE 网络的互操作，5G 核心网中的部分网络功能需要同时支持 LTE 核心网网元的功能，图 5-9 所示的归属地签约用户服务器 + 统一数据管理功能（HSS+UDM），这种通过 LTE 核心网和 5G 核心网之间的互操作来实现终端系统更换的内容将在 5.2.2 节中详细介绍。

为了在终端移出 5G 实验网覆盖时更好地保证业务连续性，运营商也可以选择升级 LTE 网络的 eNB，使其能够接入 5G 核心网，这样用户在 5G 新空口和 LTE 无线接入覆盖间移动时，无须触发跨系统移动性过程，即通过 5G 系统内的移动性过程就可以支持终端在 5G 新空口和 LTE 无线接入覆盖之间的更换。图 5-11 给出了支持增强 LTE 基站的 5G 网络架构，图中 eNB 可以通过 N2 接口和 N3 接口分别与 5G 核心网的控制平面和用户平面连接。

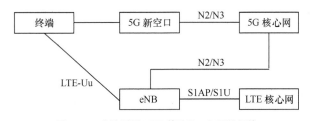

图 5-11　支持增强 LTE 基站的 5G 网络架构

在图 5-11 的架构下，支持 5G 核心网 NAS 的终端可以通过连接 5G 核心网的 LTE 无线接入网或者 5G 接入网发起初始接入。如果终端同时支持 LTE NAS，则终端还可以通过 LTE 无线接入网发起初始接入到 LTE 核心网。此时终端可以根据接入层的能力指示，确定执行 LTE NAS 或者 5G NAS 过程。

5.2.2　5G 网络与 LTE 网络的互操作

为了支持 5G 核心网与 LTE 核心网之间的互操作，5G 网络中的部分网络功能需要和 LTE 核心网中对应网元的功能合设，图 5-12 给出的 5G 核心网与 LTE 核心网互操作的网络架构中，归属地签约用户服务器和统一数据管理功能（HSS+UDM）、分组数据网络网关控制平面和会话管理功能（PGW-C+SMF）、分组数据网络网关用户平面和用户面功能（PGW-U+UPF）均需要合设[17]。但是，图中 AMF 和 MME 之间的 N26 接口并不要求必须支持的，当运营商部署了 N26 接口时，5G 网络可以通过基于 N26 接口的互操作过程支持与 LTE 核心网的互操作，当没有部署 N26 接口时，5G 网络就需要通过不基于 N26 接口的互操作过程来支持与 LTE 核心网的互操作。需要注意的是，只有支持基于 N26 接口的互操作过程的 5G 网络能够保证系统间移动时的业务连续。

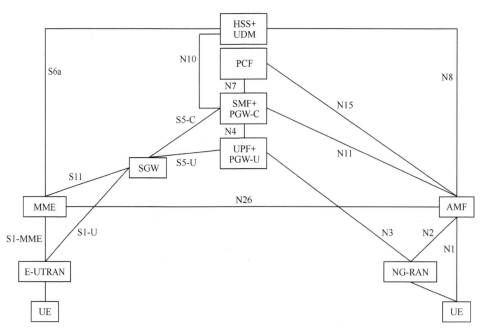

图 5-12　支持 LTE 和 5G 核心网互操作的网络架构[17]

为了支持与 LTE 核心网的互操作，终端需要同时支持 5G 核心网 NAS 和 LTE NAS，这类终端可以选择工作在单注册模式或者双注册模式下。

（1）在单注册模式下，终端只支持一种激活的 MM 状态（要么是 5G 注册管理状态，要么是 LTE 移动性管理状态），并且终端只处于 5G NAS 模式或者 LTE NAS 模式。终端在 5G 核心网或者 LTE 核心网上保持单一注册。

（2）在双注册模式下，终端可以独立注册到 5G 核心网和 LTE 核心网。在该模式下，终端可以仅注册到 5G 核心网或 LTE 核心网，也可以同时注册到 5G 核心网和 LTE 核心网。

单注册模式对于支持 5G NAS 和 LTE NAS 的终端来说是必须支持的，而双注册模式则是可选支持的。当支持 5G NAS 和 LTE NAS 的终端在 LTE 无线接入网中发起初始附着时，终端需在终端网络能力中指示其支持 5G NAS，而当该终端注册到 5G 核心网时，仅需指示其支持 LTE NAS。

支持不基于 N26 接口的互操作过程的网络需为同时支持单注册模式和双注册模式的终端提供系统间移动时的 IP 地址连续。这种支持不基于 N26 接口的互操作过程的网络需向终端指示其支持不基于 N26 接口的互操作，其中，5G 网络中的 AMF 必须提供指示，4G 网络中的 MME 可选提供指示。

1. 基于 N26 接口的互操作

在跨系统移动时，为了保证无缝的会话连续性，AMF 和 MME 间需支持 N26 接口。使用 N26 接口的互操作过程使得源和目的网络之间可以交互移动性状态和会话管理状态。当使用基于 N26 接口的互操作过程时，终端工作在单注册模式，网络可以使用切换过程，网络为终端仅保持一种移动性状态上下文。

当终端在 5G 网络中建立 PDU 会话或者 QoS 流时，SMF 需要执行从 5G 系统的 QoS 参数到 LTE 系统的 QoS 参数的映射以及演进分组系统（EPS，Evolved Packet System）承载流模板的分配。对于 LTE 核心网不能支持的 5G QoS 参数，SMF 在执行映射时可以忽略。在执行映射过程中，SMF 可以基于 QoS 流的属性以及运营商策略决定哪些 QoS 流可以被映射到 EPS 承载，然后 SMF 向服务终端的 AMF 申请 EPS 承载标识。当 SMF 为映射生成的 EPS 承载

申请到 EPS 承载标识后，SMF 需将映射生成的 EPS 承载标识和 QoS 流标识的映射关系发送给终端和 RAN，并且将映射生成的 EPS 承载的 QoS 参数发送给终端。

由于现有 LTE 无线接入网只能支持 8 个可用的 EPS 承载，在 AMF 分配 EPS 承载标识的过程中，可能会出现 EPS 承载标识不够用的情况，此时，AMF 需根据映射生成的 EPS 承载的优先级、S-NSSAI 等信息确定是否需要抢占已分配给其他 EPS 承载的 EPS 承载标识。若 AMF 决定抢占已分配的 EPS 承载标识，则发送 EPS 承载标识撤销请求给相关的 SMF。EPS 承载标识撤销完成后，AMF 可以将被撤销的 EPS 承载标识分配给当前申请 EPS 承载标识的 EPS 承载。

当终端在 LTE 网络中创建分组数据网络（PDN，Packet Data Network）连接时，支持 5G NAS 的终端会预先分配 PDU 会话标识并通过协议配置选项发送给 SMF。SMF 可通过本地映射或者与策略控制功能的交互获取其他 5G QoS 参数，包括会话的聚合最大比特率和 QoS 规则等，然后将这些 QoS 参数通过协议配置选项发送给终端。会话管理功能和终端都需要保存 EPS 承载上下文和 PDU 会话上下文的关联关系，以支持从 LTE 网络到 5G 网络的切换。

（1）从 5GS 到 EPS 的切换

从 5G 系统（5GS，5G System）到 EPS 的切换过程由 5G 基站基于空口信道条件、负载均衡等原因而触发，或者是为了在 EPS 系统中创建针对 IMS 语音呼叫或者紧急呼叫的 QoS 流而触发。在切换过程中，只有默认 EPS 承载和保证比特率 QoS 流映射而成的专用 EPS 承载会被建立，其他非保证比特率 QoS 流映射成的专用 EPS 承载会在切换完成后重建。图 5-13 给出了单注册模式终端从 5GS 切换到 EPS 的过程 [23]。

当 5G 接入网确定需要发起切换过程时，5G 接入网向 AMF 发送切换请求消息，携带目标 eNB ID。若 5G 接入网确定某些 QoS 流的下行数据需要被中转，则 5G 接入网需根据 QoS 流和 EPS 承载的映射关系，向目标 eNB 指示哪些 EPS 承载上有下行数据中转。AMF 根据目标 eNB ID 确定终端将被切换到 LTE 无线接入网，因此 AMF 会执行 MME 选择，AMF 还会向分组数据网关控制平

面 + 会话管理功能请求从 PDU 会话映射生成的 EPS 承载上下文。获得了终端的 EPS 承载上下文后，AMF 按照 MME 之间的接口消息格式封装重定位请求消息的，然后发送给 MME。MME 收到消息后，按照 S1 Handover 的对应流程完成目标侧上行隧道建立、目标基站的空口资源准备和数据中转隧道的建立，随后 MME 发送响应消息通知 AMF 可以发送切换命令。如果响应消息中包含了中转隧道信息，则 AMF 需请求 SMF 在源侧创建相应的中转隧道。终端从 5G 接入网收到切换命令后，将同步到目标 eNB 上并发送切换完成消息，随后 LTE 网络按照现有 S1 Handover 的对应流程完成切换 [24]，并向 AMF 指示切换完成。AMF 根据 MME 的指示，请求会话管理功能释放终端在源侧的网络资源。

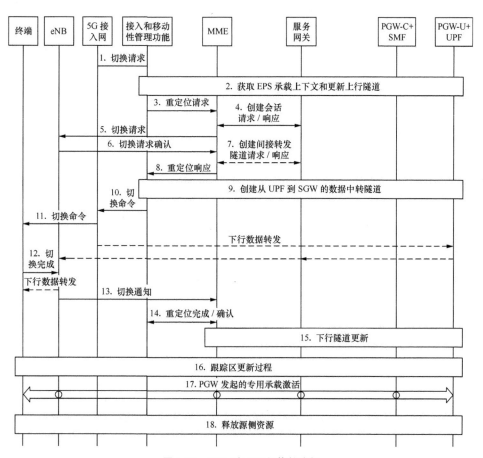

图 5-13　5GS 到 EPS 切换的流程

在切换完成后，如果终端的 PDU 会话上存在不保证比特率 QoS 流，则策略控制功能可能触发专用 EPS 承载的建立过程，此时会话管理功能将不保证比特率 QoS 流的 QoS 参数映射到 EPS QoS 参数，然后在 LTE 核心网中发起专用承载建立过程。

（2）从 EPS 到 5GS 的切换

从 EPS 到 5GS 的切换过程主要是利用映射的 5G QoS 参数和 PDU 会话 ID 在 5GS 中创建会话连接和 QoS 流，具体流程如图 5-14 所示。

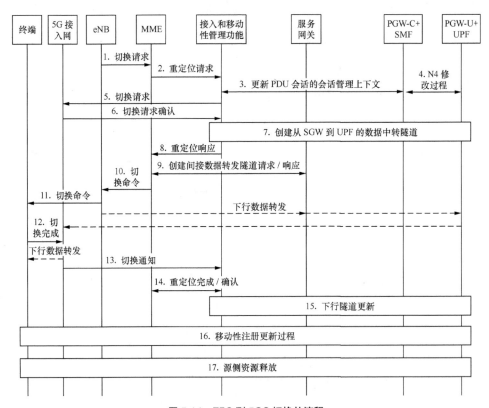

图 5-14　EPS 到 5GS 切换的流程

当 LTE 网络中的服务终端的 eNB 根据现有的切换触发条件，如空口信道质量，确定需要发起跨接入技术的切换时，eNB 确定目标基站，然后发送切换请求消息给 MME，消息中携带切换类型指示和目标 5G 接入网节点信息。MME 根据切换类型和目标 5G 接入网节点信息选择目标 AMF，然后将终端的移动性上下文和承载上下文发送给目标 AMF，并且 MME 还可能使用直接转发标识指示 AMF 是否有下行数据需要中转。

　　AMF 收到 MME 发来的请求消息后，并不解析终端的承载上下文，而是将各 PDN 连接的承载上下文发送到相应的 SMF（分组数据网关控制平面），如果 SMF 不在当前移动网络，则 AMF 需选择一个默认的拜访地 SMF，然后将该承载上下文先发送拜访地 SMF。如果 MME 向 AMF 发送了直接转发标识，则 AMF 还向 SMF 发送该标识。SMF 收到承载上下文后，会解析并确定与之对应的 PDU 会话，然后返回 PDU 会话的标识。此外，SMF 还需向 5G 接入网提供 EPS 承载和 QoS 流的映射关系，发送给 5G 接入网的信息需要通过 AMF 中转。如果 SMF 收到直接转发标识，则需判断源和目标侧之间是否需要或者能够建立转发隧道，如果不能，则 SMF 需向 5G 接入网指示该 PDU 会话不能支持数据转发。

　　当 AMF 收到 SMF 的响应后，将本地建立 PDU 会话标识、SMF 地址、切片信息等的关联，随后 AMF 发送切换请求到 5G 接入网。5G 接入网完成目标侧空口资源预留，下行转发隧道资源的分配以及下行数据中转隧道资源的分配后，向 AMF 返回确认消息。在 5G 接入网分配了下行数据中转隧道资源的情况下，需要创建从 LTE 网络的服务网关到 5G 网络的用户面功能之间的转发隧道。最后 AMF 向 MME 返回响应消息，消息中携带了 5G 接入网提供的包含在透明容器中的目标侧空口资源信息和 SMF 提供的成功建立的承载信息和下行数据中转隧道信息。

　　MME 收到 AMF 提供的信息后，按照现有的 S1 Handover 流程继续执行切换。当终端同步到 5G 新空口小区后，终端发送 Handover Complete 消息到 5G 接入网，5G 接入网节点进一步通知 AMF，并通过 AMF 向 SMF 请求更新各 PDU 会话的下行转发隧道。最后，AMF 向 MME 发送切换成功的通知消息，MME 收到消息后释放在 LTE 网络中为终端分配资源。切换完成后，终端判断是否需要执行注册更新，如确定是否移出了当前的注册区域。

　　（3）空闲态终端的移动性过程

　　当终端支持单注册模式并且网络支持基于 N26 接口的互操作过程时，针对

空闲模式 5G 核心网到 LTE 核心网的移动，终端使用从终端 5G 全球唯一临时标识（GUTI，Global Unique Temporary Identity）映射生成的 EPS GUTI 执行跟踪区更新过程，5G-GUTI 设置为原始 GUTI。MME 从 5G 核心网获取终端的移动性管理上下文，如果终端建立有 PDU 会话或者终端或 LTE 核心网支持"无 PDN 连接的附着"，MME 还获取终端的会话管理上下文。如果终端注册到 5G 核心网但没有建立 PDU 会话，而终端或者 LTE 核心网不支持"无 PDN 连接的附着"，那么终端需执行 EPS 附着过程。在获取终端上下文的过程中，AMF 需要从各个 SMF 请求从 PDU 会话映射而成的 EPS 承载上下文。在跟踪区更新过程中，统一数据管理功能会取消 5G 核心网侧的注册。由于 PDU 会话中存在需要被映射为专用承载的不保证比特率 QoS 流，而 SMF 并不会提前为这部分 QoS 流做好 QoS 参数映射，因此在终端完成跟踪区更新过程后，SMF 需要为这部分 QoS 流执行 QoS 参数映射，并触发专用承载建立过程。在此情况下，为了重用跟踪区更新过程中建立的 NAS 连接来发起专用承载建立过程，MME 需要保持 NAS 连接一段时间。

针对从 LTE 核心网到 5G 核心网的空闲态移动，终端使用 EPS GUTI 执行注册更新过程，AMF 在确定终端是从 LTE 核心网移动到 5G 核心网时，会选择从 MME 获取终端的上下文。AMF 根据收到的终端上下文创建终端的移动性管理上下文，然而由于 AMF 不能解析终端的承载上下文，因此 AMF 需要将收到的承载上下文发送给 SMF，由 SMF 解析并确定承载上下文对应 PDU 会话信息。SMF 将 PDU 会话标识返回给 AMF，AMF 保存 PDU 会话标识和 SMF 地址。注册更新过程完成后，统一数据管理功能会取消 LTE 核心网侧的注册。

2. 不基于 N26 接口的互操作

针对不基于 N26 接口的互操作，跨系统移动时的 IP 地址连续性通过在统一数据管理功能中保存和获取 SMF 以及对应的接入点名称或数据网络名称信息来保证。当终端注册到这种支持不基于 N26 接口的互操作的 5G 核心网中时，网络向终端指示支持双注册模式，该指示信息在整个移动网络内有效。工作在双注册模式的终端可以使用这一指数来决定是否提前注册到目标系统中。工作在单注册模式的终端可以使用这一指示来完成一些跨系统移动时的优化处理。如果网络需要移除发送给终端的指示，网络需要去注册终端并指示终端重新注册。

不基于 N26 接口的互操作过程具备的两条基本特性：当终端在 LTE 核心网执行初始附着并指示其发生 5G 核心网到 LTE 核心网的移动时，MME 无须向统一数据管理功能指示"初始附着"，这样统一数据管理功能不会取消 5G 核心网侧的注册；当终端在 5G 核心网执行初始注册并提供 EPS GUTI 时，AMF 不向统一数据管理功能指示"初始附着"，这样统一数据管理功能不会取消 LTE 核心网侧的注册。

此外，在支持不基于 N26 接口互操作过程的网络中，当终端在 5G 核心网创建 PDU 会话时，SMF 向统一数据管理功能更新信息，包括 SMF 以及数据网络名称的信息；统一数据管理功能向目标核心网提供动态分配的 SMF 和接入点名称 / 数据网络名称信息；当 LTE 核心网中创建 PDN 连接时，MME 在统一数据管理功能中保存 SMF 和接入点名称 / 数据网络名称信息。在归属地路由的场景下，支持基于 N26 接口互操作过程的归属地网络也需要支持这些特性来保证单注册模式终端的 IP 地址连续性。

支持不基于 N26 接口的 5GS-EPS 互操作过程的网络无须向终端提供映射的目标系统参数。该网络中的 AMF 在收到 SMF 发送的 EPS 承载标识分配请求时，不提供 EPS 承载标识，这隐式指示了网络不支持 N26 接口。

在支持不基于 N26 接口互操作过程的网络中，若工作在单注册模式下的终端能够识别网络发送的支持不基于 N26 接口互操作的指示，则在从 5G 核心网到 LTE 核心网的移动中，使用从 5G-GUTI 映射而来的 EPS GUTI 在 LTE 核心网执行附着，同时指示从 5G 核心网移动到 LTE 核心网，终端还需附着消息中携带的 PDN 连接建立请求消息中请求类型设为"切换"，然后通过终端请求的 PDU 连接建立过程将其他 PDU 会话切换到 LTE 核心网，同样，请求类型设为"切换"。或者，终端也可能使用从 5G GUTI 映射生成的 EPS GUTI 执行跟踪区更新，

然后 MME 指示终端执行重附着。此时 IP 地址不能保持连续。如果终端没有建立任何 PDU 会话，则终端在 LTE 核心网中执行附着过程。

若工作在单注册模式下的终端从 LTE 核心网移动到 5G 核心网，则终端使用从 EPS GUTI 映射生成的 5G GUTI 在 5G 核心网中执行注册更新过程。此时，AMF 可以确定原节点为 MME，因此按照初始注册过程处理注册更新过程。完成注册过程之后，若终端能够识别和支持网络的"不基于 N26 接口互操作"的指示，则终端发起的 PDU 会话建立过程，携带"已存在 PDU 会话"标识，将所有 PDN 连接迁移到 5G 核心网。或者终端会重建与 PDN 连接对应的 PDU 会话，此时，IP 地址连续性不能保持。

工作在双注册模式的终端发生跨系统移动时的移动性支持无须依赖 AMF 和 MME 间的 N26 接口。为了将 PDU 会话迁移到 LTE 核心网，终端可以基于网络提供的不基于 N26 接口互操作的指示，在确定 LTE 核心网网络支持不建立 PDN 连接的 EPS 附着过程（根据小区广播信息确定）后，发起不建立 PDN 连接的附着过程提前注册到 LTE 核心网。工作在这种模式下的终端必须支持不建立 PDN 连接的 EPS 附着过程。随后终端使用终端发起带"切换"指示的 PDN 连接建立过程将 PDU 会话从 5G 核心网转移到 LTE 核心网。如果终端没有提前注册到 LTE 核心网，终端可以使用切换注册迁移 PDU 会话。终端可以选择部分 PDU 会话转移到 LTE 核心网，而保持其他 PDU 会话在 5G 核心网。终端可以使用周期性注册在 5G 核心网和 LTE 核心网系统中同时保持注册。如果 5G 核心网或 LTE 核心网侧的注册时间超时，网络启动隐式去附着定时器。

相反，为了 PDU 会话从 LTE 核心网迁移到 5G 核心网，工作在双注册模式下的终端可以基于 MME 发送的不基于 N26 接口互操作的指示，提前注册到 5G 核心网，但不建立 PDU 会话。然后终端通过发起携带"已存在 PDU 会话"指示的 PDU 会话建立过程来完成从 LTE 核心网到 5G 核心网的 PDN 连接转移。如果终端没有提前注册到 5G 核心网，终端可以在 5G 核心网中执行注册过程，并发送 PDU 会话请求消息，消息中携带"已存在 PDU 会话"指示。

终端可以选择部分 PDN 连接转移到 5G 核心网,而在 LTE 核心网中保留其他 PDN 连接。终端可通过周期性注册过程在 LTE 核心网和 5G 核心网同时保持注册。如果 5G 核心网或 LTE 核心网中的注册超时,网络启动隐式去附着定时器。如果 LTE 核心网侧不支持不建立 PDN 连接的 EPS 附着,那么在最后一条 PDN 连接被迁移到 5G 核心网后,MME 会去附着终端。当网络需要为被叫服务发送控制面请求时,网络可以通过 LTE 核心网或 5G 核心网路由消息。如果没有收到终端的响应,网络需要基于网络配置选择其他系统再次路由请求消息。

| 5.3　小结 |

　　5G 网络中存在异构多接入场景,5G 网络也是一个异构网络系统。5G 网络不仅要支持终端通过多种接入技术接入网络,还要支持终端在多种异构系统间的移动,因此本章主要介绍了 5G 异构系统中的移动性管理技术。

　　本章首先介绍了异构多接入场景下的移动性管理,相关内容分为异构多接入环境下的垂直切换机制和多连接场景下的移动性支持机制。异构多接入环境下执行垂直切换的关键在于切换决策阶段的切换目标选择,目前常见的切换决策方法可以分为基于简单加权和的方法、基于策略的方法、基于模糊推理的方法、基于层次分析法的方法、基于博弈论的方法以及基于马尔可夫决策过程的方法。多连接场景聚焦在宏微小区重叠覆盖场景下的双连接管理上。

　　本章然后介绍了从 LTE 网络到 5G 网络的演进路线,指出不同演进方式对网络架构的要求,并且介绍了 5G 网络与 LTE 网络互操作时的架构选项。5G 网络和 4G 网络的互操作可分为两类:基于 N26 接口的互操作和不基于 N26 接口的互操作。本章分别针对这两类互操作选项介绍了终端的移动性管理过程。

　　目前,5G 系统已经支持了终端通过非 3GPP 接入技术接入到 5G 网络中,但 3GPP 接入网络和非 3GPP 接入网络之间仍然相对独立,终端依赖于网络层

的会话连接迁移来实现数据传输路径的切换，因此尚不支持异构接入网络之间的垂直切换。另外，虽然 5G 系统设计之初没有考虑与 3G 系统的互操作问题，但在架构研究过程中，部分运营商考虑到市场需求，认为 5G 系统还需要支持与 3G 网络的语音连续性。因此在 5G Release 16 版本中，又增加支持了从 5G 网络到 3G 网络的语音切换。

| 参考文献 |

[1]　SUN Y, XU X, ZHANG R, et al. Offloading based load balancing for the small cell heterogeneous network[A]. //2014 International Symposium on Wireless Personal Multimedia Communications[C]. Sydney: IEEE, 2015.

[2]　唐琦翔. 面向5G超密集异构网络的无线资源管理研究[D]. 北京邮电大学硕士论文，2018.3.

[3]　Shakir M H, Tariq F, Safdar G, et al. Multi-Layer Soft Frequency Reuse Scheme for 5G Heterogeneous Cellular Networks[A]. //2017 IEEE Globecom[C]. Workshops. Singapore: IEEE, 2017.

[4]　时岩，艾明，李玉宏，陈山枝. 无线泛在网络的移动性管理技术[M]. 北京：北京邮电大学出版社，2017.

[5]　He H, Li X, Feng Z, et al. An Adaptive Handover Trigger Strategy for 5G C/U Plane Split Heterogeneous Network[A]. //2017 IEEE 14th International Conference on Mobile Ad Hoc and Sensor Systems (MASS)[C]. Orlando, FL, USA: IEEE, 2017:476-480.

[6]　Ahmed K, Ijaz B, Khan I L, et al Improved handover triggering estimation for end-to-end vertical handover schemes[A]. //2016 6th International Conference on Information Communication and Management (ICICM)[C]. Hatfield: IEEE, 2016:183-186.

[7]　陈山枝，时岩，胡博. 移动性管理理论与技术[M]. 北京：电子工业出版社. 2007.

[8]　CHEN S Z, SHI Y, HU B, et al. Mobility Management: Principle, Technology and Applications[M]. Springer. 2016.

[9]　Yavatkar R, Pendarakis D, Guerin R. A Framework for Policy-based Admission Control[S]. RFC 2753.

[10]　Naeem B, Ngah R, Hashim S Z M. Handovers in small cell based heterogeneous networks[A]. //2016 International Conference on Computing, Electronic and Electrical Engineering (ICE Cube)[C]. Quetta: IEEE, 2016:268-271.

[11]　赵慧. 5G无线接入网络的异构切换技术研究[D]. 西安电子科技大学硕士论文. 2018.

[12]　Alhabo M, Zhang L, Nawaz N. A Trade-off Between Unnecessary Handover and Handover Failure for Heterogeneous Networks[A]. //European Wireless 2017; 23th European Wireless Conference[C]. Dresden, Germany: VDE 2017:1-6.

[13]　Vasudeva K, Dikmese S, Güvenc I, et al. Fuzzy Based Game Theoretic Mobility Management for Energy Efficient Operation in HetNets[J]. IEEE Access, 2017,5:7542-7552.

[14]　Boujelben M, Rejeb S B, Tabbane S. A novel green handover self-optimization algorithm for LTE-A/5G HetNets[A]. //2015 International Wireless Communications and Mobile Computing Conference (IWCMC)[C]. Dubrovnik: IEEE, 2015:413-418.

[15]　Tartarini L, Marotta M A, Cerqueira E, et al. Software-defined handover decision engine for heterogeneous cloud radio access networks[J]. Computer Communications, 2018,115:21-34.

[16]　Qiang L, Li J, Touati C. A User Centered Multi-Objective Handoff Scheme for Hybrid 5G Environments[J]. IEEE Transactions on Emerging Topics in

Computing, 2017,5(3):380-390.

[17]　3GPP, TS 23.501. System Architecture for the 5G System [S].

[18]　Kantor M, Engel T, Ormazabal G. Apolicy-based per-flow mobility management system design[A]. //2015 Proceedings of the Principles, Systems and Applications on IP Telecommunications[C]. Chicago: ACM, 2015: 35-42.

[19]　Woo M S, Kim S M, Min S G, et al. Micro mobility management for dual connectivity in LTE HetNets[A]. //2015 IEEE International Conference on Communication Software and Networks (ICCSN)[C]. Chengdu: IEEE, 2015: 395-398.

[20]　3GPP, TS 36.300. Evolved Universal Terrestrial Radio Access (E-UTRA) and Evolved Universal Terrestrial Radio Access Network (E-UTRAN); Overall description; Stage 2 [S].

[21]　Polese M, Giordani M, Mezzavilla M, et al Improved Handover Through Dual Connectivity in 5G mmWave Mobile Networks[J]. IEEE Journal on Selected Areas in Communications, 2017,35(9):2069-2084.

[22]　3GPP, TR 23.799. Study on Architecture for Next Generation System [R]. 2016.

[23]　3GPP, TS 23.502. Procedures for the 5G System [S].

[24]　3GPP, TS 23.401.General Packet Radio Service (GPRS) enhancements for Evolved Universal Terrestrial Radio Access Network access [S].

第6章

移动边缘计算的移动性管理

随着智能设备在社会经济领域的全方位渗透，物联网终端、智能终端等设备出现了指数级增长，对 5G 网络中的计算能力将产生巨大的需求。传统的将用户侧计算密集型任务迁移到云端的方式，不仅给网络带来了大量的数据传输，增加了网络负荷，还带来了更大的数据传输时延。因此，在 5G 网络中仅支持传统的计算迁移方式不仅会降低超清视频、虚拟现实、沉浸式游戏等高带宽业务的用户体验，还会抑制车联网、增强现实等时延敏感应用的发展潜力。基于此背景，欧洲电信标准化协会（ETSI）提出，在 5G 网络的无线接入侧引入了移动边缘计算（MEC）[1] 的概念，目的在于满足 5G 在延迟、可扩展性和自动化等方面的要求。然而随着无线接入类型的丰富以及 MEC 技术的深入人心，ETSI MEC 工作组在 2016 年重新定义 MEC 为多接入边缘计算（Multi-Access Edge Computing）[2]，以不断提高 MEC 技术的影响力。

在 5G 网络中，MEC 的移动性管理可分为两个方面：终端的移动性管理和业务（计算）的移动性管理。本章中首先简要介绍了 MEC 技术及其标准化情况，然后分别讨论 MEC 中终端的移动性管理问题和业务（计算）的移动性管理问题。

| 6.1　MEC 概述 |

MEC 主要是指基于云计算、网络功能虚拟化、软件定义网络等技术，在移动网络边缘提供云计算能力和 IT 服务环境，其技术特征主要体现为邻近性、低延迟、高带宽和位置认知。MEC 将云端的计算、存储等资源优势引入移动网络，通过网格、计算、存储以及应用的融合，使移动终端突破计算和存储资源的限制，提高运行应用程序的性能 [3]。

欧洲 5G PPP 组织认为 MEC 是 5G 网络中的重要技术之一 [4]。5G 网络不但定义了更先进的空中接口技术，而且在网络设备中广泛使用了 IT 虚拟化技术，利用可编程方法进行软件定义。MEC 有助于提高网络和业务层对空口环境和终端上下文的感知，从而有助于将移动宽带网络转变为软件可定义和可编程的网络，以应对 5G 网络在延迟、可扩展性和自动化等方面的挑战。

5G 网络中的计算、存储和传输资源十分丰富，MEC 计算在与 5G 网络相结合后，具有以下特点。

（1）MEC 技术允许在 5G 无线网络接入侧增加计算、存储、处理功能（如图 6-1 中所示的 MEC 服务器）[5]，构建开放式平台以移植应用。通过无线 API 开放无线网络与业务服务器之间的信息交互，完成无线网络与业务融合，使得传统的无线基站升级为通信与计算融合的智能化基站，能够应对未来 5G 网络面临的高网络负荷、高带宽需求以及低时延要求等挑战。

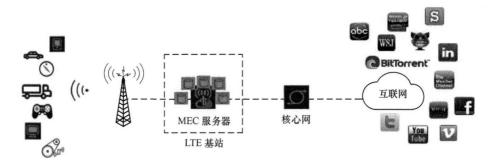

图 6-1　MEC 场景 [5]

（2）MEC 技术可以与 5G 网络中的 D2D 技术相结合，使 5G 网络的计算和存储能力能够进一步下沉到用户终端侧。通过网络与终端的协同，使网络边缘和终端的计算能力得到充分利用，从而提高 5G 网络中的资源利用率和系统容量，提升用户体验。

（3）MEC 为 5G 网络提供了一个新的生态系统和产业链。运营商可以向授权第三方开放其无线接入网络的通信与计算能力，使其能够快速灵活地向移动用户、垂直行业部署创新应用和服务。

（4）MEC 为 5G 网络赋予了边缘智能。MEC 技术将云端的计算和存储资源下沉到网络边缘，使网络边缘具备人工智能的基本条件。5G 网络的边缘智能不仅可以增加网络的处理能力，还可以拉通终端上的单点智能，形成 5G 网络下的协同智能，从而更加高效、快捷地服务垂直行业，如车联网。

（5）MEC 有利于提高用户数据的安全性。MEC 技术允许企业或垂直行业

用户在网络边缘部署第三方应用，从而使网络边缘具备用户数据的处理能力。这样，企业或行业用户可以将敏感数据保留在本地，避免数据或隐私泄露，极大地提高数据的安全性。

6.1.1 MEC 标准化

2014 年 12 月，ETSI 启动了 MEC 的标准化工作，成立行业规范组（ISG，Industry Specification Group），以促进、加速以及规范移动网络边缘云计算的发展。

ETSI MEC ISG 的主要工作是在接入网侧为用户（应用程序开发人员和内容提供商）提供开放的云计算能力和 IT 服务环境，使基站智能化，实现通信与技术的融合。一方面，这样可以保证更低延迟和更高速度的内容访问。另一方面，通过将数据密集型任务推向接近用户位置的网络边缘，可以减少骨干网络中的流量拥塞；通过向网络边缘卸载功率受限终端的计算任务，可以提高业务的服务质量。2016 年 4 月，ETSI MEC ISG 发布了三项"基础级"规范，分别用于 MEC 术语声明、技术要求和用例研究以及 MEC 的框架和参考架构制定 [6]。ETSI MEC ISG 定义的 MEC 架构主要由托管基础设施管理系统、应用平台管理系统和应用程序管理系统 3 个基本要素组成。各系统的构成可参考文献 [7]。

自 2016 年 9 月以来，为了在电信领域突出 MEC 的应用规模和强调 MEC 的应用范围，ETSI MEC ISG 将"移动"的概念移出 MEC，将其重命名为 Multi-Access Edge Computing[2]，从而将工作范围扩大到"在不同网络部署不同运营商的多个 MEC 主机，并以协作方式运行边缘应用"，实现在 LTE、5G、Wi-Fi 和固定接入的异构网络中支持边缘计算。

6.1.2 MEC 参与者与部署

ETSI MEC ISG 的目标是建立一个完整的多接入边缘计算系统，服务面向 5G 的更广泛的边缘计算用例，包括物联网、车联网等。因此，需要通过标准化组织以及重点行业组织间的紧密合作来确保 MEC 平台发展成为一个标准化的、可扩展的、广泛应用的平台。标准化的 MEC 平台需提供标准化的开放环境，支持多种虚拟化开发和部署模式，具有"使应用程序发现其他主机上可用的应用程序和服务"的能力，可以将请求和数据引导或迁移到一个或多个主机[6]。

标准化 MEC 平台的主要参与者包括移动网络运营商、垂直业务部门、独立软件供应商、设备提供商、IT 平台提供商和系统集成商。目前，MEC 的发展仍处于早期阶段，拥有巨大发展潜力。目前，运营商可以通过向企业用户提供 MEC 的 IT 服务环境来增加收入，或者开放访问，利用存储、网络带宽和计算资源（如 CPU 资源）提供分散式云计算并计费。未来，MEC 的显著优势（如低延迟）将激励参与者们积极部署各种服务，例如，物联网（IoT, Internet of Things）、超高清视频、手机游戏等，从而开辟更广泛的市场和创造更高的商业价值。另外，MEC 平台还可以面向具体应用提供上下文感知（如流量特性和设备位置），以提高第三方服务的运营效率、服务精准性和用户体验。

MEC 的实际部署需要大量硬件基础设施的支撑，包括云数据中心、边缘数据中心以及本地 MEC 平台。其中，云数据中心需要由数百个基于开放计算项目（OCP, Open Compute Project）机架组成，边缘数据中心需要由数十个基于 OCP 机架组成，本地 MEC 平台由单个基于 OCP 机架提供，三者之间使用树状拓扑进行连接。

6.1.3　MEC 用例和应用场景

电信网络和通信技术的不断发展驱动了用户对于更高的传输速率和更低传输延迟的需求。在 5G 网络中，运营商需要依赖 MEC 来满足苛刻的应用场景需求，例如，URLLC 业务的超低延迟要求。

根据 ETSI 的研究，MEC 的具体用例主要包括[8]以下几个方面。

（1）以网络为中心的应用

MEC 允许在基站侧上缓存热门内容或数据，从而减少 35% 的骨干网流量，同时改善用户体验（QoE, Quality of Experience），如浏览网页速度可提高

20%。此外，MEC 可以基于实时无线信息或其他因素优化动态内容，从而改善视频质量和提高网络吞吐量。

（2）企业和垂直应用

智慧城市、公共安全、广告等领域要求通过广泛部署的分布式传感器实时、被动（无 GPS）获取用户设备位置，并对人群分布或指定用户进行分析或定位，因此在热点区域将产生密集的计算任务。当使用 MEC 计算将这种计算密集型任务迁移到临近用户的接入网或者基站时，通信延迟和切换延迟将大大减少。另外，MEC 技术允许企业或垂直行业应用本地处理其用户数据，提高了数据的安全性，加强了对隐私的保护。

（3）高效交付本地内容

将增强现实内容交付到检测到的用户设备上，提供本地对象跟踪、本地内容缓存和本地内容传递，可以提高用户体验和系统效率。

MEC 在以下应用场景下已经取得了良好的性能和用户体验 [5]。

（1）增强现实服务。该服务用于向用户提供他们当前经历内容的附加信息以提高用户访问兴趣点（诸如博物馆、城市纪念碑、艺术画廊、音乐或体育赛事等）时的用户体验。这种服务要求应用程序实时分析来自用户相机的数据和用户的位置信息和移动轨迹，以辅助计算机生成附加感官输入（诸如图像、文本、音频、视频或 GPS 数据等）。由于与兴趣点相关的数据是高度本地化的，因此相对于云上托管，在 MEC 平台支持这种增强现实服务更加有益。此外，在 MEC 平台上执行这样的数据处理具有收集度量标准、元数据匿名等优点。

（2）智能视频加速服务。利用 MEC 服务器上的无线分析应用程序提供无线下行链路接口的可用吞吐量估计，可以动态匹配无线信道的随机变化、协助 TCP 拥塞控制决策，从而减少视频等待时间和卡顿现象，提高视频质量和吞吐量，提高用户的 QoE 和无线网络资源的利用率。

（3）车辆通信。车辆通信允许驾驶员实时地接收来自其他车辆的警告。然而随着车辆激增，车联网收集的数据量也在急剧上升，因此需要更低延迟的数据传输和更快的处理速度。MEC 可以将汽车云扩展到移动基站，实现车辆和路边传感器数据的本地实时分析，然后实时传播时间敏感信息（如危险警告）到其他车辆，确保交通顺畅。

|6.2　MEC 中业务（计算）的移动性管理|

MEC 中的业务（计算）移动性问题其实就是 MEC 中的计算迁移问题。本节中首先介绍了 MEC 中的计算迁移问题，然后从移动管理的角度出发，将 MEC 中业务（计算）的移动性管理问题，分解成业务（计算）的切换管理和计算迁移中的业务（计算）的位置管理两个方面。

6.2.1　MEC 中的计算迁移

计算迁移允许将用户设备中的部分或全部计算任务迁移到远程设备上执行。文献 [9] 总结了计算迁移的原因，具体包括以下几个方面。

（1）移动终端资源受限。在复杂的 Internet 环境中，各种网络设备由于体积、质量等方面的千差万别，它们所承载的计算资源也有大有小。

（2）终端任务的负载均衡。随着终端上各种资源被占用，设备的负载急剧增加，这时任务的被执行效率会变得很低。计算迁移可以减轻该终端设备的负载，并将计算任务迁移到其他资源丰富的设备上。

（3）降低数据传输量。在计算任务执行的过程中，计算节点和本地客户端之间会产生大量需要传输的中间数据，这些数据的频繁传输需要耗费大量的网络资源。而将任务迁移到计算节点执行后，计算节点只需要返回给客户端计算结果，传输的数据量大大减小。

（4）减少设备网络时延。当用户所在的物理环境网络不稳定、时延高时，将计算任务迁移到计算节点执行，客户端不必担心网络环境的变化。

过去 20 年间，已有大量的计算迁移相关研究工作。根据计算迁移的特征，

可将它们划分为分布式计算、普适计算和云计算 3 个阶段 [10]。不同阶段中，计算迁移的实现方式有所不同：（1）在分布式计算阶段，通过将用户端的计算任务迁移到固定的后台服务器来实现计算迁移；（2）在普适计算阶段，通过位于公共场所的提供计算和存储服务的硬件基础设备来实现计算迁移；（3）在云计算阶段，主要基于 Cloud（云）、Cloudlet（微云）以及基于其他移动终端来实现计算迁移。

云是一种分布式并行计算系统，由强大的计算机集群组成，用户可以根据与服务提供商之间协商好的服务等级协议（SLA，Service Level Agreement）来访问云资源 [11]。由于终端与云端服务器的物理距离较远，基于云的计算迁移不可避免地会存在抖动、丢包和时延，这将严重降低时延敏感应用的性能，影响用户体验质量。为解决以上问题，研究人员提出了基于 Cloudlet 和其他移动设备的计算迁移方法，如文献 [12] 提出云应该以 Cloudlet 的形式靠近移动用户，建议使用 Cloudlet 概念来管理组件级别的应用程序，而不是将完整的虚拟机从云移动到 Cloudlet。

Cloudlet 一般是指与移动终端物理位置邻近、计算资源丰富且具有高带宽网络连接的计算设备。Satyanarayanan 等 [11] 首次提出利用 cloudlet（如图 6-1 中的 MEC 服务器）来增强移动终端的性能。同时还提出了一种与传统的虚拟机（VM，Virtual Machine）迁移不同的动态 VM 合成方法技术来自定义 Cloudlet 上的服务。在此以后，出现了大量针对 Cloudlet 上的计算迁移优化问题的研究，主要研究内容包括 Cloudlet 上的 VM 迁移方法优化、性能优化等 [13-17]。Huerta-Canepa 等 [16] 首次提出基于其他移动设备的计算迁移方法。该方法中，移动终端首先与其附近的其他移动设备通过高速无线连接形成 Ad Hoc 网络，然后该终端将其计算任务分配到 Ad Hoc 网络中的各个节点上去执行，从而实现单个移动设备上的计算资源扩展。文献 [18-20] 分别讨论了基于其他移动设备的计算迁移方法中，计算任务建模方法和调度算法、基于云的 P2P 实现方法以及节约整体移动设备能耗的算法等问题。

随着移动终端和移动应用的爆炸式增长，近年来研究人员还在云框架下提出了与以上计算迁移概念近似的移动云计算 [21-23]（MCC，Mobile Cloud

Computing）概念。目前，MCC 是未被标准化的技术概念，旨在将云计算技术融入移动应用场景中，使移动终端上的应用和移动应用提供商能够更加弹性地利用云中的计算和存储资源。我们可以把基于 Cloud 的计算迁移、基于 Cloudlet 的计算迁移和基于其他移动终端的计算迁移，看成是 MCC 的具体实现方法[10]。

当云服务被转移到与用户物理位置邻近的地方，即移动网络的边缘时，就出现了新的边缘计算范式—多接入边缘计算（MEC）[9]。MEC 是与 MCC 类似的技术概念，但从细节上来区分，后者侧重计算技术，例如，Cloudlet 的具体实现；而前者则从电信运营商和设备商的角度出发，更加关注未来 5G 时代的业务与网络融合。

6.2.2　MEC 中的业务（计算）迁移决策

在如图 6-2 所示的 5G 网络 MEC 框架下，移动终端上应用的计算迁移决策问题与传统蜂窝网络移动性管理中的切换（Handoff）机制类似。也就是说，MEC 中计算迁移机制首先需要解决的问题是何时触发迁移（When）和迁移目标（Where）。但与传统切换机制不同的是，5G 网络中计算迁移目标，不仅可以是接入网边缘的 MEC 服务器（Cloudlet），也可以是可通信范围内的用户终端。也就是说，引入 D2D 技术的 MEC，扩展了 MEC 中的"边缘"的概念。在此背景下，MEC 计算迁移中的 When 和 Where 求解问题更加复杂。但我们可以把 MEC 计算迁移中的 When 和 Where 问题分解成移动用户终端间、终端与 MEC 服务器间以及 MEC 服务器之间的迁移决策问题，然后进行求解。

在 5G 网络的 MEC 计算迁移场景中，用户、业务（计算）、移动终端、MEC 服务器组成了不同的迁移 / 关联层次。从迁移目标的方向来看，终端之间的迁移以及 MEC 服务器之间的迁移属于水平迁移；而终端到 MEC 服务器之间的迁移，属于垂直迁移。根据迁移目标的不同，一个业务的计算迁移可以组合成不同的迁移场景。

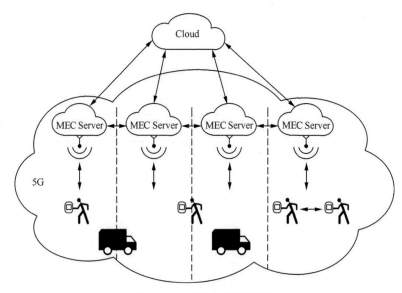

图 6-2　5G 网络中的计算迁移

针对 MEC 业务（计算）迁移中的垂直迁移，文献 [23] 总结了终端到 MEC 服务器之间的迁移过程，将其概括为代理发现、环境感知、任务划分、任务调度和执行控制等步骤，但并不是所有步骤都是必须的。计算迁移的具体步骤如图 6-3 所示。

针对 MEC 业务（计算）迁移中的水平迁移，大量研究也出现了。如文献 [24] 提出了一种移动终端间的水平迁移机制，在移动终端的计算能力和连接关系已知的条件下，若终端在检测到邻近终端的计算能力更高、数据传输成本低于计算能耗且满足任务时效性要求时间的条件下，可将计算任务迁移到邻近终端。

本节将按照迁移目标的不同，首先讨论终端间计算迁移、终端和 MEC 服务器间计算迁移及 MEC 服务器间计算迁移这 3 种迁移方式的迁移决策问题，然后讨论在实际应用场景中存在的多种迁移方式并存的迁移决策问题。

1．3 种计算迁移方式的决策机制

在 MEC 的应用场景下，用户的移动模式可以是：（1）小范围的移动或相对静止状态，如室内活动；（2）穿越多个小区的长距离移动，如外出散步、驾车等。

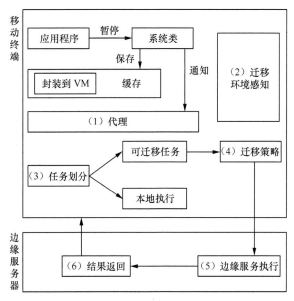

图 6-3　MEC 业务（计算）的垂直迁移步骤

在移动模式（1）中，根据终端的运算能力、负载等因素，可将部分或全部计算任务迁移到可通信范围内的其他终端上。在无可用其他终端资源的情况下，也可以执行终端与 MEC 服务器之间的计算迁移。此时，由于 MEC 服务器相对固定，迁移的目标不受用户移动性的影响，因此计算迁移的触发策略和传统计算迁移类似。在移动模式（2）中，伴随着用户的小区穿越，应用的迁移通常发生在 MEC 服务器之间（此时不能排除终端之间进行计算迁移的可能）。

不管是终端间的计算迁移，还是 MEC 服务器间的计算迁移，都需要考虑计算处理能力、负载、能耗等因素。终端之间的计算迁移较之终端和 MEC 服务器之间的计算迁移，时延开销小，消耗的网络带宽资源也相对较少，但终端能够提供的计算处理能力、电能储备等相对 MEC 服务器而言较弱；反过来也就是说，MEC 服务器能为终端上的应用提供较强的计算和存储能力的支持，但较之终端之间的计算迁移，MEC 服务器间的计算迁移会带来更高的迁移时延和更多的网

络带宽及信令资源消耗。在 MEC 服务器间的计算迁移决策中，通常需要基于用户的移动性来选择更优的 MEC 服务器，如根据用户与 MEC 服务器之间的距离选择 MEC 服务器。针对此问题，Taleb 等 [25-26] 提出了 Follow Me Cloud（FMC）的概念和框架。FMC 提出的初衷是，在解决移动网络中，当用户移动导致应用所在移动终端的 IP 地址改变时，如何将用户终端正在运行的部分或全部的 IP 应用，无缝迁移到另一个更优的数据中心上。在 FMC 框架的基础上，Taleb 等 [27] 基于随机游走模型（Random Walk Mobility Model）来考虑用户的移动性，然后通过马尔科夫模型建模分析了 FMC 的性能，主要参考的性能参数包括终端连接最优数据中心的概率、移动终端与最优数据中心的平均距离、连接时延、应用迁移成本以及应用迁移中的服务中断时间。

业务迁移的决策需要权衡迁移成本和用户体验，Ksentini 等 [28] 利用马尔科夫决策过程（MDP，Markov Decision Process）对 FMC 中的迁移过程进行建模，然后基于随机游走模型，对 MDP 进行求解，从而决定是否进行业务迁移。Wang 等 [29] 首先在基于 MDP 对迁移过程进行建模的过程中，引入了最优阈值策略，以获得更优的模型求解结果；随后提出构建连续决策的 MDP 来计算最优解，并用旧金山的真实出租车移动轨迹评估了模型的有效性 [30]。Urgaonkar 等 [31] 同样将迁移过程建模为一个连续的 MDP 模型，与传统的求解方法（如动态规划）不同，该 MDP 模型在不相交状态空间上被解耦为两个独立的 MDP。除了以上基于 MDP 的 FMC 中的计算迁移建模外，Islam 等 [32] 还基于遗传算法来研究基于 VM 迁移的应用迁移模型。

总的来说，MEC 框架下的终端间的计算迁移决策机制以及 MEC 服务器间的计算迁移决策机制，不仅要考虑终端（或 MEC 服务器）的计算处理能力、负载、能耗等因素对决策的影响，还需要考虑多个终端间的协作激励机制来提高任务的执行效率。在 MEC 服务器间计算迁移决策机制的研究中，需重点考虑用户移动性、时延、带宽及信令开销对迁移效率的影响。

2. 融合水平迁移和垂直迁移的计算迁移决策机制

在实际的 MEC 应用场景中，除了上节中提到的两种移动模式，还有这两种模式皆有的移动模式，如高速路上长距离驾车过程中的短时间服务区休息等。在这样的运动模式中，应用的迁移则可能出现终端间迁移和 MEC 服务器间迁移并存的复杂迁移模式。

如图 6-4 所示，我们可以把用户、移动终端上运行的应用、移动终端、无线接入网络、核心网划分成不同的层次。在一个完整的 MEC 计算迁移场景下，常见的迁移模式可以在不同的层次上进行，包括：① 应用的计算任务全部或部分迁移到其他终端上；② 若在可通信范围内，没有其他可用的终端，则迁移到所在小区的 MEC 服务器上；③ 随着用户的移动，或基于 MEC 服务的性能因素，已迁移到某个 MEC 服务器上的计算任务，全部或部分迁移到其他 MEC 服务器上；④ 应用的计算任务部分迁移到其他终端上，部分迁移到 MEC 服务器上。在实际的应用中，MEC 服务器上的计算任务甚至还可以迁移到核心网络中的云服务器上。

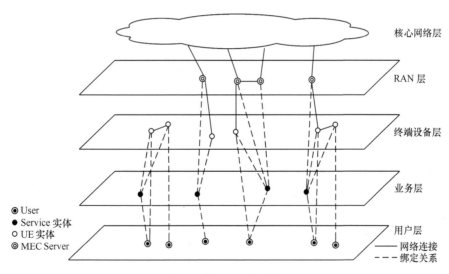

图 6-4　MEC 下的计算迁移层次

在融合水平迁移和垂直迁移的计算迁移决策机制中，可将终端和 MEC 服务器分别组成两个不同层级的网络结构，即在终端层，将小区内的可用终端组成 P2P 网络；在 MEC 服务器层，将 MEC 服务器组成云结构。然后考虑当前网络

的上下文信息、不同层级的计算能力，结合用户的移动性，选择贝叶斯决策模型、马尔科夫决策过程等，构建融合水平迁移和垂直迁移的迁移决策机制。

6.2.3　MEC 中的业务（计算）的位置管理

业务（计算）位置管理的目的在于通过对业务迁移方的定位，实现业务未迁移部分与业务迁移部分间的通信。若迁移方的位置能够被定位，则未迁移部分与迁移部分间通信的建立机制与固定位置设备之间的通信机制类似。基于 MDN(Mobility-Driven Network)[33] 理论，实体（Entity）标识和位置（Location）标识可以解耦，其中，业务（计算）本身使用实体标识进行识别，业务（计算）所在的迁出方位置通过位置标识进行定位。这样，迁移方的位置定位问题可被看成实体标识与位置标识的映射问题。因此可基于实体标识和位置标识的映射来探讨业务（计算）的位置管理。

该问题的解决方法可以参考移动蜂窝通信系统（如 GSM 网络）中的位置管理方法，即定义一个永久实体标识（类似 GSM 网络中的 MSISDN 号码，即手机号码）来标识当前的业务（计算）和若干临时位置标识符（类似 GSM 网络中的 MSRN，即移动台漫游号码），并且定义以上二者之间的映射方法。具体来说，使用一个类似于 GSM 中 HLR 的数据库来记录当前迁移方注册的代理（类似 GSM 网络中的 MSC），迁移方注册的代理返回一个临时的路由记录（类似 GSM 网络中的 MSRN），未迁移方和迁移方之间的通信可根据该路由记录来完成。

｜6.3　MEC 中终端的移动性管理｜

5G 网络背景下，MEC 中终端的移动性主要体现在终端的位置管理和移动性锚点的管理上。

6.3.1　MEC 中终端的位置管理

3GPP 在 TS 23.501 中介绍了针对 MEC 中终端的位置管理 [34]。

当一个 PDU 会话建立后，会话管理功能（SMF）可以确定业务的许可区域，如用户平面功能（UPF）的服务区。SMF 向接入与移动性管理功能（AMF，Access and Mobility Management Function）订阅"终端移动性事件通知"的服务，在订阅期间，SMF 向 AMF 提供它的业务许可区域。当 AMF 检测到终端已经移出了 SMF 的业务许可区域时，它需要将终端的新位置通知给 SMF。当 SMF 接收到该新位置通知后，会决定如何处理当前的 PDU 会话，例如，重定位 UPF。同时，SMF 可以确定一个新的业务许可区域，并基于该新的业务许可范围向 AMF 发送新的订阅。当 PDU 会话被释放时，SMF 将取消"终端移动性事件通知"服务的订阅。

6.3.2　MEC 中终端的移动性锚点管理

3GPP 在 TS 23.501 中针对 MEC 定义了应用功能（AF，Application Function）对路由选择的影响 [34]，以此来支持终端的移动性锚点改变。

针对一个 PDU 会话，AF 可以发送应用请求来影响 SMF 的路由决策。SMF 会参考 AF 请求来选择 UPF，使用户面数据能够被路由到正确的 MEC 服务器。其中，MEC 服务的地址由数据网络访问标识符（DNAI，DN Access Identifier）标识。AF 还负责业务数据在 MEC 服务器上的重定位，不过此类功能尚未具体定义。

AF 请求通过 N5 参考点或网络开放功能（NEF）发送到策略控制功能（PCF），如图 6-5 所示 [34]。以多个终端为目标的 AF 请求可通过 NEF 进行转发，并转发到多个 PCF 上。PCF 将 AF 请求转化成相应的策略并应用于 PDU 会话中。

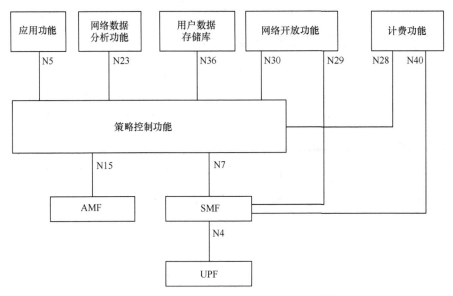

图 6-5　MEC 策略框架结构（参考点表示）[34]

AF 请求的内容一般可以包括以下内容。

标识被路由的用户面数据的信息。

被重路由的用户面数据的潜在目的地址、应用位置（DNAI 列表表示）。若 AF 通过 NEF 来与 PCF 交互，那么 NEF 可将 AF 服务的标识信息映射到 DNAI 列表上。DNAI 是 SMF 进行 UPF 选择时的重要参考信息。

用户数据需要被路由的终端的信息，主要对应于使用外部标识符、MSISDN 或 IP 地址 / 前缀的终端，以及由组标识符标识的一组终端。

关于何时（时间有效性条件）进行用户面数据重路由的信息。

进行用户面数据重路由时，终端的位置（空间有效性条件）信息。

关于用户面路径管理事件通知的订阅，即 DNAI 变更的订阅请求。DNAI 变更通知信息由 SMF 发送给 AF，包括了目标 DNAI 的标识符以及终端的 IP 地址 / 前缀。

AF 请求可以影响 SMF 的路由决策。基于运营商策略，PCF 将对 AF 请求进行授权并确定用户面数据转向的策略。随后 PCF 会向 SMF 提供策略与计费控制（PCC，Policy and Charging Control）规则，PCC 规则中可能包含 DNAI 信息、流量重定向策略以及会话管理功能事件订阅等。PCF 会确认 AF 请求并将确认信息发送给 AF 或 NEF。

根据 PCF 提供的 PCC 规则，SMF 可以进行 UPF 选择并通知 AF 用户面路径的变化（DNAI 变化）。

| 6.4　小结 |

移动边缘计算是 5G 网络支持的重要特性，因此移动边缘计算中的移动性管理是 5G 需要解决的重要问题之一。本章首先介绍了 MEC 的基本概念、应用场景以及标准化情况，然后分析了 MEC 中的移动性管理的场景和问题，主要从业务（计算）迁移和终端移动性角度进行介绍。

MEC 中的业务（计算）迁移可以分为三类：终端间的水平迁移、终端与 MEC 服务器之间的垂直迁移以及 MEC 服务器之间的水平迁移。具体的业务（计算）迁移触发与终端用户的移动模式以及终端的计算处理能力、负载、能耗等相关。在实际的业务（计算）迁移过程中，存在水平迁移和垂直迁移融合的场景。MEC 中终端的移动性管理主要体现在移动终端的位置管理和移动性锚点管理两个方面，这是 3GPP 针对 MEC 特性的研究重点。其中，移动终端的位置主要基于 MEC 业务的服务允许区域进行管理，移动性锚点主要基于 MEC 服务器下发的数据网络访问标识符（DNAI）进行管理。

5G 网络中对 MEC 采用的是一般化的支持，即网络没有区分 MEC 业务的具体场景和需求而提供通用的网络服务。然而针对具体的应用场景，MEC 业务应当存在不同的优化目标，此时对 5G 网络也存在不同的特性需要，如针对低时延高可靠的 MEC 业务，网络需提高可靠低时延的连接；而对于大数据量高算力的 MEC 业务，网络则需提供高带宽服务。因此，未来针对 MEC 的不同应用，5G 网络应能够把握业务的实际需求而提供针对性的网络优化。

| 参考文献 |

[1] 5G White Paper. NGMN Alliance, 2015.

[2] Morris. ETSI Drops Mobile From MEC[R]. Light Reading, 2016.

[3] 崔勇，宋健，缪葱葱，等. 移动云计算研究进展与趋势[J]. 计算机学报，2017, 40(2): 273-295.

[4] 5G Vision. The 5G Infrastructure Public Private Partnership: the next generation of communication networks and services[R]. 5G PPP, 2017.

[5] Hu Y C, Patel M, Sabella D. Mobile Edge Computing. A key technology towards 5G[R]. ETSI White Paper, 2015.

[6] ETSI, GS MEC 001. Mobile Edge Computing(MEC). A key technology towords 5G[R]. ETSI White Paper, 2015.

[7] What is Multi-access Edge Computing[EB/OL].

[8] ETSI, GS MEC-IEG 004. Mobile-Edge Computing (MEC).

[9] 朱友康，乐光学，杨晓慧，等. 边缘计算迁移研究综述[J]. 电信科学[J]，2019, 35(4): 74-94.

[10] 张文丽，郭兵，沈艳，等. 智能移动终端计算迁移研究[J]. 计算机学报，2016, 39(5): 1021-1038.

[11] Satyanarayanan M, Bahl P, Caceres R, et al. The case for VM-based cloudlets in mobile computing[J]. IEEE Pervasive Computing. 2009, 8(4):14-23.

[12] Verbelen T, Simoens P, Turck F D, et al. Cloudlets: bringing the cloud to the mobile user[A]. //The 3rd ACM Workshop on Mobile Cloud Computing and Services[C]. New York: ACM Press, 2012: 29-36.

[13] Ha K, Pillai P, Richter W, et al. Just-in-time provisioning for cyber foraging[A]. //Proceeding of the 11th International Conference on Mobile Systems, Applications, and Services[C]. Taipei: IEEE, 2013:153-166.

[14] Jararweh Y, Tawalbeh L, Ababneh F, et al. Resource Efficient Mobile Computing Using Cloudlet Infrastructure [A]. //Proceedings of the 2013 IEEE 9th International Conference on Mobile Ad-hoc and Sensor Networks[C]. Dalian:IEEE, 2013:373-377.

[15] Verbelen T, Simoens P, Turck F D, et al. Adaptive Application Configuration and Distribution in Mobile Cloudlet Middleware[A]. //5th International Conference, Mobilware 2012 [C]. Berlin: Springer, Berlin, Heidelberg, 2012:178-191.

[16] Lewis G A, Echeverr S, Simanta S, et al. Cloudlet-based cyber-foraging for mobile systems in resource-constrained edge environments[A]. // 36 Companion International Conference on Software Engineering[C]. Hyterabad: ACM, 2014: 412-415.

[17] Verbelen T, Simoens P, Turck F D, et al. Adaptive deployment and configuration for mobile augmented reality in the cloudlet[J]. Journal of Network & Computer Applications. 2014, 41(1): 206-216.

[18] Shi C, Lakafosis V, Ammar M H, et al. Serendipity: enabling remote computing among intermittently connected mobile devices[A]. //Proceedings of the 13th ACM International Symposium on Mobile Ad Hoc Networking and Computing[C]. Carolina: ACM, 2012:145-154.

[19] Kosta S, Vasile C, Perta V C, et al.Clone 2 Clone (C2C): Peer-to-Peer Networking of Smartphones on the Cloud[A]. //Proceedings of the 5th USENIX Workshop on Hot Topics in Cloud Computing[C]. San Jose: USENIX, 2013:1-5.

[20] Mtibaa A, Fahim A, Harras K A, et al. Towards resource sharing in mobile

device clouds: power balancing across mobile devices[A]. //Proceedings of the 2nd ACM SIGCOMM Workshop on Mobile Cloud Computing[C]. 2013: 51-56.

[21] Dinh H T, Lee C, Niyato D, et al. A survey of mobile cloud computing: architecture, applications, and approaches[J]. Wireless Communications and Mobile Computing. 2013, 13(18): 1587-1611.

[22] Khan A U R, Othman M, Madani S A, et al. A survey of mobile cloud computing application models[J]. IEEE Communications Surveys & Tutorials. 2014, 16(1): 393-413.

[23] Rahimi M R, Ren J, Liu C H, et al. Mobile cloud computing: A survey, state of art and future directions[J]. Mobile Networks and Applications. 2014, 19(2): 133-143.

[24] GAO W. Opportunistic peer-to-peer mobile cloud computing atthetactical edge[A]. //Military Communications Conference(MILCOM)[C]. New York: ACM Press, 2014: 1614-1620.

[25] Taleb T, Ksentini A, Frangoudis P A. Follow-Me Cloud: When Cloud Services Follow Mobile Users[J]. IEEE Transactions on Cloud Computing. 2019,7(2):369-382.

[26] Taleb T, Ksentini A. An Analytical Model for Follow Me Cloud[A]. //2013 IEEE Global Communications Conference (GLOBECOM)[C]. 2013:1291-1296.

[27] Ksentini A, Taleb T, Chen M. A Markov decision process-based service migration procedure for follow me cloud[A]. //2014 IEEE International Conference on Communication (ICC)[C]. 2014, 1350-1354.

[28] Wang S, Urgaonkar R, He T, et al. Mobility-Induced Service Migration in Mobile Micro-Clouds[A]. //2014 Military Communications Conference[C]. Baltimore: IEEE, 2014:835-840.

[29] Wang S, Urgaonkar R, Zafer M, et al. Dynamic Service Migration in

Mobile Edge-Clouds[A]. // 2015 IEEE IFIP Networking Conference(IFIP Networking)[C]. Toulouse: IEEE, 2015.

[30]　Urgaonkar R, Wang S, He T, et al. Dynamic Service Migration and Workload Scheduling in Edge-clouds[J]. Performance Evaluation. 2015, 91(C): 205-228.

[31]　Islam M, Razzaque A, Islam J. A Genetic Algorithm for Virtual Machine Migration in Heterogeneous Mobile Cloud Computing[A]. //2016 International Conference on Networking Systems and Security[C]. Dhaka: IEEE, 2016:1-6.

[32]　Chen S, Shi Y, Hu B, et al. Mobility-Driven Networks (MDN): From Evolution to Visions of Mobility Management[J]. IEEE Network, 2014, 28 (4): 66-73.

[33]　3GPP, TS 23.501. System Architecture for the 5G System [S].

[34]　3GPP, TS 23.503. Policy and Charging Control Framework for the 5G System [S].

第 7 章

总结和展望

移动互联网技术和物联网技术的快速发展带来了许多新的通信场景，这给传统的移动通信网络带来了新的架构需求和严苛的网络性能需求。一方面，针对具有差异化的用户 / 业务需求的通信场景，传统"一刀切"的移动通信网络难以高效地提供通信服务。另一方面，传统移动通信网络部署复杂、可扩展性低、开放性不足、运维成本很高，难以适应新场景和新业务的发展。在此背景下，新一代的 5G 网络应具备业务场景需求的感知能力和网络服务的按需定制能力。目前，3GPP 提出的 5G 网络技术已经在一定程度上考虑到这一问题，并提出了一系列关键技术。例如，网络切片技术可以保证服务不同类型业务的终端被不同类型的定制化网络所服务；移动性管理技术可以为不同类型的终端限定不同的活动区域、确定不同的状态机模型、启用不同的工作模式等；会话管理技术可以为服务不同业务的终端连接选择不同的移动性锚点、使用不同的连续性模型等。

虽然目前的 5G 网络变得更加柔性，并且已经具备了一定的业务感知和网络服务定制化能力。但是 5G 网络对业务场景的感知能力以及基于场景感知进行智能化配置、管理、运维和优化的能力还可以进一步增强。目前，5G 网络对复杂环境下的无线信道建模、频谱资源管理、网络覆盖优化、移动性管理增强，以及核心网中网络切片资源管理优化、应用业务支撑等方面仍然面临挑战。因此在 5G 网络中引入人工智能，提高 5G 网络的智能化水平应是未来移动通信网络的演进方向之一。

目前，人工智能技术与 5G 系统设计相结合已成为业界重点关注的研究方向。3GPP、ITU-T 等组织均提出了相关的研究项目。引入人工智能技术的 5G 网络应能够从业务体验、用户感受、服务质量、网络效率和网络成本等多个方面自主优化网络并提升网络性能。例如，人工智能技术，网络可以实现对复杂环境无线信道特性的分析预测，从而实现链路的优化配置；网络可以对终端的移动性行为进行建模分析，并根据终端移动性预测结果优化移动性管理；网络还可能分析和预测网络自身性能状况，包括预测网络负载和 QoS 保障能力，该预测信息可以提供给应用以辅助应用层的配置。可以预见，引入人工智能对 5G 及未来移动通信网络实现智能化有着重要意义，智能化的移动通信网络将促进行

业的创新发展并带动社会进步。

|7.1 移动性管理的智能化定制|

按需移动性管理对于传统移动通信网络来说,难点之一在于对移动性场景及其对移动性支持需求的感知。而 5G 采用了服务化网络架构,通过开放的接口 API,增强了与第三方应用的交互,因此大大降低了获取移动场景参数的难度,例如,终端上运行的应用的特征参数。另外,服务化 5G 核心网可以部署在通用的计算平台,因此 5G 网络中可以有足够的运算能力来智能化分析移动通信场景的特征参数。基于此,在移动通信网络中引入大数据分析,提高网络的智能化,从而实现网络的自动化高效运维成为目前的研究热点,如 ETSI 成立了新的行业标准组 ENI(Experiential Networked Intelligence)、3GPP 成立了 5G 网络自动化项目 "Study of Enablers for Network Automation for 5G(eNA)" [1]、ITU-T 成立了 Machine Learning for Future Networks Including 5G(FG-ML5G) 焦点组。

利用针对业务场景的数据分析结果定制移动性管理是 5G 网络智能化运维的重要特征。传统网络无法预测业务量和网络资源需求,也无法预测用户的移动行为和内容偏好,因此只能为所有用户提供统一的、通用的移动性管理,难以提高网络的运营效率。5G 网络采用大数据分析技术分析网络数据,利用人工智能技术学习历史事件并建模,在发现事件的规律性后,再进行事件预测,如根据终端的历史移动轨迹和终端的通信模式,分析、预测用户移动行为和使用习惯等。根据数据分析结果,运营商可定制移动性管理机制,如基于用户位置和移动行为定制位置管理相关参数,如图 7-1 所示。

定制化的移动性管理可能会以网络切片的形式出现。5G 网络中不同的通信场景存在差异化的移动性支持需求,这些差异化的移动性支持需求需要通过不

同的移动性管理机制和不同网络架构来满足。而网络切片是一种创建具有特定功能的网络的有效方法，因此有研究提出 5G 网络可以利用针对终端移动性和业务特征的大数据分析结果确定网络需要提供的移动性支持能力，随后创建具有不同移动性管理机制的网络来提供不同移动性支持能力 [2]。这样，通过将不同移动性支持需求的终端定向到具有不同移动性支持能力的网络切片，可以更加方便地实现移动性管理的定制化。

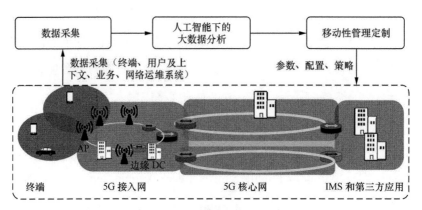

图 7-1　移动性管理的智能化定制

| 7.2　移动性管理参数的智能优化 |

传统移动网络通常根据经验值或者测算值来为终端设置移动性管理参数，如寻呼范围、切换门限等，却无法挖掘终端的移动性行为或业务特征来优化调整移动性管理参数。因此有研究尝试从单个用户的角度出发，以用户的切换历史、用户的历史移动轨迹、无线信号强度为基础，通过对用户移动性尤其是用户接入小区及驻留时间的预测，实现预先资源分配和主动切换触发准备，常见的预测方法包括半马尔可夫模型、递归神经网络等 [3-4]。

而在引入人工智能的网络中，网络中的人工智能分析平台可以对终端移动性行为、终端业务特征、网络运行状态等多维度信息进行数据搜集和清洗，然后利用机器学习算法对各移动性管理参数建立预测分析模型。后续网络可以直接利用该预测分析模型对接入网络的终端计算出移动性管理参数。

下面分别介绍寻呼参数优化和切换参数优化。

1. 寻呼参数优化

在引入人工智能的移动网络中，寻呼参数的优化可以分为两步。第一步为利用人工智能来优化注册区域的分配，即基于终端位置和终端移动性预测信息，利用机器学习算法生成的模型计算出终端的注册区域信息。在终端进入空闲态后，若网络需要寻呼终端，则进一步根据注册区域内各小区的历史寻呼失败率、小区负载、终端移动性预测信息计算寻呼范围以调整寻呼参数，如优先寻呼范围信息、寻呼超时时间和寻呼次数，以此提高网络的寻呼效率，减少信令开销。

2. 切换参数优化

切换参数的优化方向主要是利用终端的移动性预测信息、用户体验信息、网络无线信道环境、网络负载等来计算优化的切换参数，其中，移动性预测信息可以基于用户上行探测参考信号强度变化情况、用户测量上报信息以及大数据分析平台提供的用户移动性规律得出。移动性预测是实现主动、高效移动性管理的重要途径[3]，大数据技术的出现，为移动预测提供了数据基础。为了快速确定切换参数，网络需利用历史上各终端在发生切换时的参考信号接收功率 / 参考信号接收质量、网络无线信道环境、网络负载以及相应的用户体验信息等信息，通过机器学习算法生成切换预测模型。文献 [5] 以超过 6000 个基站之间的切换记录数据集为基础，应用机器学习的方法研究了切换管理和预测。例如，使用聚类算法（如 K-Means）挖掘具有相似切换行为的小区，使用线性回归、神经网络、动态贝叶斯网络、隐马尔可夫过程等方法预测未来可能发生的切换，检测异常切换等。利用切换预测模型，网络可以通过输入终端的移动性预测信息、终端当前所在网络的无线信道环境和网络负载、用户体验信息等直接获取优化的切换参数，从而提升切换的 KPI，减少终端移动带来的业务中断和乒乓切换次数，保证其用户体验。

| 7.3　智能化多连接管理 |

　　超密集网络是 5G 网络中的重要特性，主要用于提供热点高容量地区的网络覆盖，以提高系统吞吐量。在超密集网络中，终端可能同时与支持不同接入技术的多个基站或接入点建立无线连接。因此终端在进行数据收发时，存在无线传输连接的选择和流量路由控制的问题，而网络需支持泛在接入和无缝切换的多连接管控能力。

　　为了提高网络容量和保证用户体验，5G 网络可以利用人工智能技术来辅助终端进行连接选择和流量路由。如可以在网络边缘部署人工智能分析平台，分别预测终端的移动轨迹、用户业务流量以及各基站的业务负载和信道状况。基于预测分析结果，网络可进一步选择优化目标组合，如系统容量、业务体验、运营收益等，创建优化模型，为各终端找到合适的服务站点和优化的分流策略。通过网络人工智能辅助终端进行接入技术选择、接入点选择、传输路径选择以及数据路由选择，可以在保证用户体验的同时，提高网络的系统容量和降低网络运维管理的成本。

| 参考文献 |

[1]　3GPP, TR 23.791. Study of Enablers for Network Automation for 5G [R]. 2018.

[2]　Wang H C, Chen S Z, Ai M, et al. Mobility Driven Network Slicing (MDNS)-An Enabler of On Demand Mobility Management for 5G [J]. The Journal of China Universities of Posts and Telecommunications, 2017,

24(4):16-26.

[3]　　Farooq H, Imran A. Spatio temporal Mobility Prediction in Proactive Self-Organizing Cellular Networks[J]. IEEE Communications Letters, 2017,21(2):370-373.

[4]　　Wickramasuriya D S, Perumalla C A, Davaslioglu K, et al. Base station prediction and proactive mobility management in virtual cells using recurrent neural networks[A]. //2017 IEEE 18th Wireless and Microwave Technology Conference (WAMICON)[C]. Cocoa Beach: IEEE, 2017: 1-6.

[5]　　Vy L L, Tung L P, Lin B S P. Big data and machine learning driven handover management and forecasting[A]. //2017 IEEE Conference on Standards for Communications and Networking (CSCN)[C]. Helsinki: IEEE, 2017: 214-219.

缩略语

英文缩写	英文全称	中文全称
2G	2nd Generation Mobile Communication System	第二代移动通信系统
3G	3rd Generation Mobile Communication System	第三代移动通信系统
3GPP	3rd Generation Partnership Project	第三代合作伙伴计划
4G	4th Generation Mobile Communication System	第四代移动通信系统
5G	5th Generation Mobile Communication System	第五代移动通信系统
5GS	5G System	5G 系统
5G PPP	5G Infrastructure Public Private Partnership	5G 基础设施公私合作
5QI	5G QoS Identifier	5G QoS 标识
AF	Application Function	应用功能
AMF	Access and Mobility Management Function	接入与移动性管理功能
AR	Augmented Reality	增强现实
ARP	Allocation Retention Priority	分配保留优先级
C-RAN	Cloud-Radio Access Network	云接入网

续表

英文缩写	英文全称	中文全称
C-V2X	Cellular Vehicle to Everything	蜂窝车联网
CDMA	Code Division Multiple Access	码分多址
CDN	Content Delivery Network	内容分发网络
CM	Connection Management	连接管理
CP	Control Plane	控制平面
CriC	Critical Communication	应急通信
D2D	Device-to-Device	设备直通
D2I	Device-to-Infrastructure	终端到基础设施通信
DN	Data Network	数据网络
eMBB	Enhanced Mobile Broadband	增强的移动带宽
EPC	Evolved Packet Core	演进核心网
EPS	Evolved Packet System	演进分组系统
ETSI	European Telecommunications Standards Institute	欧洲电信标准化协会
eV2X	Enhanced Vehicle to Vehicle or Infrastructure	车联网
FDD	Frequency-Division Duplex	频分复用
FDMA	Frequency Division Multiple Access	频分多址
GUTI	Global Unique Temporary Identifier	全球唯一临时标识
HSS	Home Subscriber Server	归属签约用户服务器
HPLMN	Home PLMN	归属 PLMN
IETF	Internet Engineering Task Force	互联网工程任务组
IMS	IP Multimedia Subsystem	IP 多媒体子系统
ITU	International Telecommunications Union	国际电信联盟
LADN	Local Access Data Network	本地接入数据网络

续表

英文缩写	英文全称	中文全称
LTE	Long Term Evolution	长期演进
M2M	Machine to Machine	机器通信
MCC	Mobile Cloud Computing	移动云计算
MEC	Multi-Access/Mobile Edge Computing	多接入边缘计算 / 移动边缘计算
MeNB	Master eNB	主控 eNB
MIMO	Massive Input Massive Output	多收多发
MME	Mobility Management Entity	移动性管理实体
MNO	Mobile Network Operator	移动网络运营商
MIoT	Massive Internet of Things	海量物联网
MTC	Machine Type Communication	机器类通信
mMTC	Massive Machine Type Communications	大规模机器类通信
NAS	Non-Access Stratum	非接入层
DNID	Data Network Access Identifier	数据网络访问标识符
NEF	Network Exposure Function	网络开放功能
NFV	Network Function Virtualization	网络功能虚拟化
NGMN	Next Generation Mobile Network	下一代移动网络发展组织
NGN	Next Generation Network	下一代网络
NR	New Radio	新无线空口
NSA	Non-Standalone	非独立组网
NSSAI	Network Slice Selection Assistance Information	网络切片选择辅助信息
NSSF	Network Slice Selection Function	网络切片选择功能
OAM	Operation Administration and Maintenance	操作维护管理

续表

英文缩写	英文全称	中文全称
OCP	Open Compute Project	开放计算项目
OFDM	Orthogonal Frequency Division Multiplexing	正交频分复用
PCC	Policy and Charging Control	策略与计费控制
PCF	Policy Control Function	策略控制功能
PDCP	Packet Data Convergence Protocol	分组数据汇聚协议
PDMA	Pattern Division Multiple Access	图样分割多址接入
PDN	Packet Data Network	分组数据网
PDU	Protocol Data Unit	协议数据单元
PDU-CAN	PDU-Connectivity Access Network	PDU 连接访问网络
PLMN	Public Land Mobile Network	公共陆地移动网络
QFI	QoS Flow Identifier	QoS 流标识
QoE	Quality of Experience	用户体验质量
QoS	Quality of Service	服务质量
RA	Registration Area	注册区域
RAN	Radio Access Network	无线接入网络
RAT	Radio Access Technology	无线接入技术
RRC	Radio Resource Control	无线资源控制
RM	Registration Management	注册管理
SDN	Software Defined Networking	软件定义网络
SA	Standalone	独立组网
SLA	Service Level Agreement	服务等级协议
SMF	Session Management Function	会话管理功能
S-NSSAI	Single-NSSAI	单一网络切片选择辅助信息

续表

英文缩写	英文全称	中文全称
SST	Slice/Service Type	切片/业务类型
TA	Tracking Area	跟踪区
TDD	Time-Division Duplex	时分复用
TDMA	Time Division Multiple Access	时分多址
UAV	Unmanned Aerial Vehicle	无人机
UDM	Unified Data Management	统一数据管理
UDN	Ultra Dense Network	超密集网络
UE	User Equipment	用户设备
UP	User Plane	用户平面
UPF	User Plane Function	用户平面功能
URLLC	Ultra-Reliable and Low Latency Communications	高可靠低时延通信
VM	Virtual Machine	虚拟机
VNF	Virtualized Network Function	虚拟化网络功能
VPLMN	Visited PLMN	拜访地 PLMN
VR	Virtual Reality	虚拟现实
WLAN	Wireless Local Access Network	无线本地接入网络